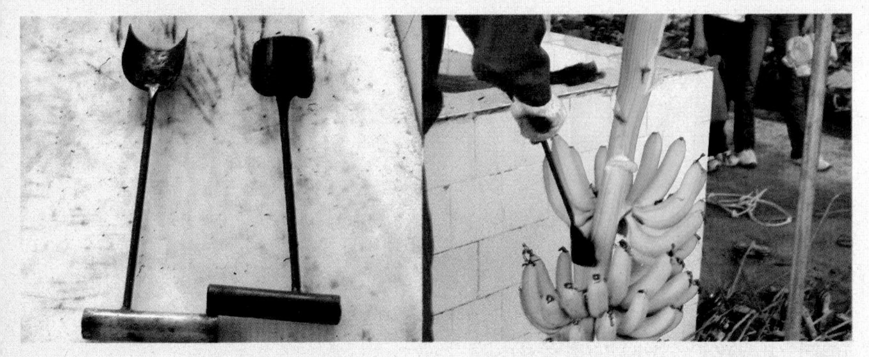

用半弧形落梳刀去轴落梳

香蕉清洗与修整（右为复洗）

应剔除的病虫香蕉果
(叶甲危害果)

香蕉过秤分级

香蕉防腐处理

用大马力风扇风干经
药物处理后的香蕉

用瓦楞纸箱包装的香蕉

在纸箱内套好聚乙烯薄膜袋

在梳蕉之间加垫海绵纸

用吸尘器进行
简易真空包装

真空包装后的香蕉

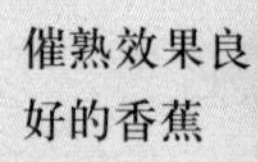

催熟效果良
好的香蕉

# 香蕉贮运保鲜及深加工技术

杨昌鹏　编著

金 盾 出 版 社

## 内 容 提 要

本书由广西农业职业技术学院杨昌鹏副教授（博士）编著。内容包括概述、香蕉的种类及主栽品种、香蕉果实的采后生理、影响香蕉贮运的因素、香蕉贮运保鲜技术和香蕉深加工技术等6章。本书针对香蕉贮藏运输中保鲜难的问题，着重介绍了香蕉贮藏运输保鲜的知识与技术，科学性、实用性和可操作性强，文字通俗简练，对广大蕉农解决好香蕉贮藏运输保鲜问题具有现实指导作用。适合广大蕉农和基层农业科技人员阅读。

**图书在版编目(CIP)数据**

香蕉贮运保鲜及深加工技术/杨昌鹏编著．—北京：金盾出版社，2006.12

ISBN 978-7-5082-4328-3

Ⅰ．香…　Ⅱ．杨…　Ⅲ．香蕉-水果加工　Ⅳ．S688.109

中国版本图书馆 CIP 数据核字(2006)第 131199 号

**金盾出版社出版、总发行**

北京太平路5号(地铁万寿路站往南)

邮政编码：100036　电话：68214039　83219215

传真：68276683　网址：www.jdcbs.cn

彩色印刷：北京印刷一厂

黑白印刷：北京天宇星印刷厂

装订：北京天宇星印刷厂

各地新华书店经销

开本：787×1092 1/32　印张：3.25　彩页：4　字数：67千字

2009年4月第1版第2次印刷

印数：10001—20000册　定价：6.00元

# 目　录

# 第一章 概 述

## 一、香蕉生产的意义与现状

香蕉是一种典型的热带水果，属芭蕉科（*Musaceae*）芭蕉属（*Musa*），为多年生大型常绿草本植物。它原产于以马来西亚为中心的东南亚地区，我国也是香蕉类的起源地之一。据《齐民要术》（公元 544 年）中记载，公元 6 世纪以前我国栽培香蕉已经相当普遍。

香蕉具有很高的营养价值。成熟的香蕉富含糖分、多种氨基酸和含有较齐全的维生素和矿质元素（表 1-1，表 1-2），其质地软滑，气味清香，风味独特，味甜爽口，色、香、味俱全，是深受消费者欢迎的大众化果品。香蕉成熟前，果肉中的糖主要以淀粉形式存在，随着果实的成熟，淀粉逐渐转化成糖，使果实呈现出甜味。成熟时，有的香蕉含糖量可达 23%左右，其中主要是蔗糖，还有部分葡萄糖和果糖。葡萄糖、果糖、蔗糖的比例大约为 20：15：65。香蕉果肉中的纤维含量很低，脂肪、钠的含量也很低，且不含胆固醇，但钙的含量较多。因此，香蕉是一种保健食品。香蕉由于低脂肪、高能量，较适合过度肥胖者或年老的病人食用。在东南亚某些地区及非洲，也有把香蕉煮熟作为粮食食用的。

表 1-1 香蕉的营养成分 （100 克果肉中的含量）

| 项　目 | 广东香蕉 | 广西香蕉 | 福建香蕉 |
|---|---|---|---|
| 水分(%) | 77.0 | 81.2 | 74.2 |
| 蛋白质(克) | 1.5 | 1.7 | 1.3 |
| 脂肪(克) | 0.1 | 0.2 | 0.2 |
| 糖类(克) | 18.8 | 15.3 | 23.1 |
| 钙(毫克) | 8.0 | 19.0 | 8.0 |
| 磷(毫克) | 23.0 | 53.0 | 32.0 |
| 铁(毫克) | 0.3 | 0.7 | 0.5 |
| 维生素 C(毫克) | 11.0 | 24.0 | 9.0 |
| 维生素 $B_1$(毫克) | 0.02 | 0.03 | 0.01 |
| 维生素 $B_2$(毫克) | 0.05 | 0.05 | 0.02 |

注:摘自中国预防医学科学院营养与食品卫生研究所的《食品成分表》

表 1-2 香蕉果实成熟时游离氨基酸的组成 （毫克/100 克鲜重）

（绪方等,1975）

| 氨基酸种类 | 天门冬氨酸 | 苏氨酸 | 丝氨酸 | 脯氨酸 | 甘氨酸 | 精氨酸 |
|---|---|---|---|---|---|---|
| 含　量 | 4.2 | 5.1 | 12.2 | 3.9 | 2.3 | 5.0 |
| 氨基酸种类 | 缬氨酸 | 谷氨酸 | 白氨酸 | 酪氨酸 | 赖氨酸 | 组氨酸 |
| 含　量 | 24.0 | 4.8 | 28.9 | 2.8 | 0.9 | 5.4 |

注:香蕉品种为矮脚香蕉

香蕉具有很高的药用价值。李时珍在《本草纲目》中有“生食(芭蕉)可以止渴润肺,通血脉,填骨髓,合金疮,解酒毒。香蕉根主治痈肿结热,捣烂敷肿;捣汁服,治产后血胀闷、风虫牙痛、天行狂热。香蕉叶主治肿毒初发”的记载。

香蕉还具有很高的经济价值。除了供应国内市场外,香蕉在国际水果进出口贸易中占有很重要的地位。据联合国粮农组织(WHO)统计,从 1991 年开始,国际香蕉进口贸易量达 1 000 万吨以上,金额 50 多亿美元,出口贸易金额为 32 亿美元。近 20 年来,国际香蕉贸易量年均增长 37.6 万吨,而且有继续增长的趋势。香蕉的进口国主要是发达国家，特别是北美和欧洲的一些国家，亚洲的日本和韩国也是香蕉的进口大国，而出口国则大多为发展中国家和低收入国家，如巴拿马、菲律宾、厄瓜多尔、哥伦比亚等国家。因此，发展香蕉产业对于提高发展中国家人民的生活水平具有重要的意义。

香蕉的用途很广泛。它经过不同加工工艺可制成不同的香蕉制品，如香蕉干、油炸香蕉片、香蕉罐头、香蕉酱、香蕉粉、香蕉饮料、香蕉酒等。这些制品基本保留了香蕉的特殊风味，同时也具有一定的营养价值。

香蕉虽属于热带果树，但在亚热带地区也可经济栽培，其栽培已遍布世界热带、亚热带地区。特别是南、北纬 20°之间的无风害、土壤肥沃、雨水充沛的国家和地区，已成为香蕉最主要的生产基地。目前，大约有 120 个国家和地区有香蕉栽培，其产量仅次于柑橘类果实，居世界四大水果的第二位。香蕉的生产主要集中在亚洲和美洲，其他地区的总产量常不到世界总产量的 1/3。香蕉年产量在 100 万吨以上的有中国、印度、厄瓜多尔、菲律宾、泰国、巴西、印度尼西亚、巴拿马、墨西哥、委内瑞拉、哥斯达黎加、巴布亚新几内亚、哥伦比亚、坦桑尼亚等国家。2003 年世界主要香蕉主产国的面积与产量如表 1-3 所示。

**表 1-3　2003 年世界香蕉主产国的面积与产量**

| 国　家 | 印　度 | 厄瓜多尔 | 巴　西 | 中　国 | 菲律宾 | 印度尼西亚 | 哥斯达黎加 |
|---|---|---|---|---|---|---|---|
| 收获面积（万公顷） | 62 | 21.87 | 51.23 | 23.5 | 40 | 34.5 | — |
| 总产量（万吨） | 1645 | 561 | 652 | 590 | 550 | 431 | 186 |
| 单　产（千克/公顷） | 26532 | 25651 | 12702 | 25106 | 13750 | 12498 | 44573 |

目前，我国是世界上第四大香蕉主产国。香蕉生产在我国水果生产中也占有重要地位。虽然其种植面积仅占水果种植总面积的2%～3%，而其产量占水果总产量的8%～10%。在我国华南地区，香蕉是广大农村主要栽培的果树之一，已成为许多地区农村收入的主要来源。在广东，香蕉栽培面积仅次于荔枝、柑橘，居第三位。

我国以广东(粤西、粤东及珠江三角洲的中山、番禺、东莞等市)、广西(南宁、合浦、玉林、桂平等市、县)、福建(龙海、漳州、龙溪、华安、莆田等市、县)、台湾(高雄、屏东、台中及台南等市)为主。近年来，海南、云南省的香蕉生产发展也很快，产量不断上升；四川、贵州省以至西藏自治区的南部现今亦有少量香蕉栽培。2003年我国香蕉主产区面积及产量见表1-4。

**表1-4　2003年中国香蕉主产区面积及产量**

| 省　区 | 种植面积(千公顷) | 面积所占全国比例(%) | 产　量(万吨) | 产量所占全国比例(%) |
| --- | --- | --- | --- | --- |
| 广　东 | 125.8 | 49.2 | 301.8 | 51.1 |
| 广　西 | 51.2 | 20.0 | 103.6 | 17.6 |
| 海　南 | 30.8 | 12.1 | 84.2 | 14.3 |
| 福　建 | 29.2 | 11.4 | 83.8 | 14.2 |
| 云　南 | 15.1 | 5.9 | 14.6 | 2.5 |
| 贵　州 | 2.1 | 0.8 | 0.9 | 0.2 |
| 四　川 | 1.1 | 0.4 | 1.4 | 0.2 |
| 合　计 | 255.3 |  | 590.3 |  |

目前，我国栽培的香蕉品种以香牙蕉类型的威廉斯蕉和巴西蕉为主。此外，广东、广西还种有不少的粉蕉(西贡蕉)、大蕉、鸡蕉；福建则以种植天宝蕉和台湾蕉居多，而台湾省则

以仙人蕉和北蕉为主。

总之，香蕉的用途广，开发前景良好。如果能提高香蕉的出口贸易，对于提高我国蕉农的生活水平，带动与香蕉有关产业的发展将有积极的促进作用。

## 二、香蕉生产中存在的问题

香蕉是我国主要的热带果树，其产量占我国水果总产量的9%左右，位居第四，具有极重要的经济和社会价值。但香蕉在生产和流通过程中存在许多问题，这些问题大大制约了香蕉生产的进一步发展。

### （一）集约生产的规模小

目前，我国香蕉生产大多数是千家万户零星分散种植，品种不统一，田间管理不统一，产品质量良莠不齐，难以集约化经营，难以在市场上打造知名品牌，巩固市场份额；同时，由于集约化生产规模小，难以开展道路、排灌等基础设施建设，致使香蕉的品质和运输过程中造成的机械伤成为阻碍香蕉业发展的"瓶颈"。

### （二）香蕉产业的组织化程度低

许多地区香蕉的销售多由外地老板上门收购，蕉农基本上属于被动等待。即使主产区自发组织了一批农产品流通营销队伍，但规模小，经营分散，缺乏统一的管理，也没有与蕉农结成利益共同体。在营销过程中，为了各自的利益，他们往往相互封锁信息，互相分割，难以抵御市场风险，特别是香蕉丰收年份和上市旺季，一些经销商欺行霸市，拼命压低价格，损害了蕉农的利益。

### （三）流通、信息服务滞后

我国大多数香蕉产区市场体系发育不健全，而且绝大多数市场没有配备信息收集与传递设施，信息的准确性、时效性较差，导致信息的收集与发布工作滞后，流通渠道不顺畅。香蕉生产始终存在着盲目性和卖蕉难的问题。

### （四）香蕉外观品质差

目前，我国香蕉的种植仍以个体种植为主，种植的面积小，固定设施投资少，栽培管理不统一，栽培管理仍以经验型为主，科技含量低，致使田间病虫害危害严重。不少蕉园香蕉束顶病、花叶心腐病、叶斑病、黑星病、叶缘枯病及花蓟马、叶甲等病虫的危害十分严重；不少蕉农往往只重视产量，而忽视质量，导致生产出的产品质量尤其是外观品质差，档次低，难以同国外进口香蕉竞争，使我国香蕉难以跨出国门，而国外的香蕉却源源不断地进入国内市场。

### （五）采后处理意识差

我国香蕉不乏与进口蕉媲美的产品，无论在质地上还是在香味上都比进口蕉好。但是，我国香蕉的外销数量却极少，目前只有少量出口日本，每年不足千吨，绝大部分是内销。其主要原因是采后处理、加工、保鲜贮运等设施严重不足，蕉农缺乏保护果梳的意识，采收作业不规范；搬运工具简陋，用自行车、摩托车、手扶拖拉机裸运，造成果实表皮碰伤、擦伤和压伤；包装粗糙，通常使用加冰普通棚车、草席和棉被等简陋的装备进行贮运。

### （六）加工产品种类少

香蕉由于果皮和果肉存在较高的多酚氧化酶和其他氧化酶系统，在加工过程中，很容易褐变。另外，香蕉果实中的果胶含量较高，也不利于榨汁，因此，加工香蕉的工艺要求较高。目前，我国香蕉加工品的种类很少，主要是香蕉干，而香蕉汁、香蕉酒、香蕉粉等香蕉深加工产品尚未大规模生产。这方面的研究与开发有待于加强。

## 三、香蕉产业的发展方向

### （一）发展适度规模经营

今后香蕉生产应该整合经营主体，采用“公司＋农户”、龙头企业带动、蕉农互助联合体等形式，以企业的形式把分散经营的蕉农联合起来，形成较大的生产经营规模，大面积采用机械化耕作，实行统一品种，统一田间管理，统一产品质量，统一品牌，统一销售的策略，以降低生产成本。

### （二）重视蕉园基础设施建设

**1. 搞好蕉园道路**　蕉园的道路要适当硬化，要与公路相通，以便于生产资料和香蕉的无伤运输。沿海地区的蕉园在道路规划和建设中，要搞好防风林带的配套建设。

**2. 搞好排灌系统**　许多蕉园常常发生不同程度的涝害和旱灾，因此，在蕉园排灌上，水田蕉园要挖若干大沟、深沟作为排水系统，及时排除蕉园积水，降低地下水位；坡地蕉园要逐步配套节水灌溉设备。

### （三）注重采后处理

一是推广从香蕉落梳到分级、清洗、保鲜处理、分层装箱的采后商品化处理生产线，减少香蕉人为造成的伤口。2003年，在广西浦北县大成镇一条固定式的和一条流动式的香蕉采后商品化处理生产线分别投入使用。实践表明，流动式生产线更适合目前的香蕉生产现状。二是逐步在蕉区建立冷库，对香蕉进行预冷处理，在减少水分损耗的同时，提高香蕉的耐贮运保鲜性能，确保香蕉后熟后均匀着色。

### （四）注重产品的综合利用

要充分利用次果，将其加工成香蕉汁、香蕉酒、香蕉粉等营养食品，或作为精饲料直接喂牛，以实现转化增值，提高香蕉产业的经济效益。

# 第二章　香蕉的种类及主栽品种

## 一、香蕉的种类

香蕉在广义上不是单一指香蕉品种，而是代表一切蕉类品种。根据香蕉植株的形态特征及经济性状，我国通常把食用蕉分为香牙蕉、大蕉、粉蕉、龙牙蕉四大类型。主要根据假茎色泽、叶柄沟槽和果实外形特征来区分(表 2-1)。

**表 2-1　4 种栽培蕉的形态区别**

(曾惜冰等,1990)

| 特　征 | 香牙蕉 | 大　蕉 | 粉　蕉 | 龙牙蕉 |
| --- | --- | --- | --- | --- |
| 假　茎 | 深褐色黑斑 | 无黑褐色斑 | 无黑褐色斑 | 有紫红色斑 |
| 叶柄沟槽 | 不抱紧,有叶翼 | 抱紧,无叶翼 | 抱紧,无叶翼 | 稍抱紧,有叶翼 |
| 叶基形状 | 对称楔形 | 对称心脏形 | 对称心脏形 | 不对称耳形 |
| 果轴茸毛 | 有 | 无 | 无 | 有 |
| 果　形 | 月牙弯,浅棱,细长 | 直,具棱,粗短 | 直或微弯,近圆形,短小 | 直或微弯,近圆形,中等长大 |
| 果　皮 | 较厚,绿黄至黄色 | 厚,浅黄至黄色 | 薄,浅黄色 | 薄,金黄色 |
| 肉质风味 | 柔滑香甜 | 粗滑酸甜无香 | 柔滑清甜微香 | 实滑酸甜微香 |
| 肉　色 | 黄白色 | 杏黄色 | 乳白色 | 乳白色 |
| 胚　珠 | 2 行 | 4 行 | 4 行 | 2 行 |

### (一)香牙蕉类型(AAA 群)

又名华蕉(AAA. Cavendish)，是目前中国蕉类栽培面积最大、产量最多的品种。假茎黄绿色带有深褐色黑斑。叶柄短粗，叶柄沟槽开张。叶片基部对称而斜向上，有叶翼，叶缘向外，叶片较宽大；果轴上有茸毛。花苞片高窄，长卵形，先端锐尖。花苞片外部紫褐色，内部呈暗红色。子房每个心室有2行整齐的退化胚珠。小果向上弯曲生长，幼果横切面多为五棱形，成熟的果实棱角小而近圆形。未成熟果实的果皮黄绿色。在常温25℃以下成熟的果实，其果皮为黄色；而在高温的夏、秋季节，常温超过25℃，自然成熟的果实的果皮为黄绿色。果形弯。果肉黄白色，无种子，清甜而芳香，品质佳。该类型品种表现较耐寒、耐旱。但对大气氟污染比较敏感。抗风、抗寒、耐旱能力较粉蕉、大蕉差。

在香牙蕉的类型中，根据植株假茎的高矮可分为高型、中型、矮型3个品系。

**(二)大蕉类型(ABB群)**

北方常称之为芭蕉。其植株高大粗壮，假茎绿色，幼芽青绿色。叶宽大而厚，深绿色，先端较尖，基部近心脏形，对称或略不对称。叶背或叶鞘被白粉或无粉。叶柄沟槽长而闭合，无叶翼。果轴无茸毛。小果较大，果身直，棱角明显。果皮厚而韧，外果皮与中果皮易分离。果肉3室不易分离，杏黄色，柔软，味甜中带酸，缺香味，偶有种子。在蕉类品种中，大蕉的抗风性、抗寒性、抗旱性及抗病性最强。一般株产量8～20千克。生育期比香蕉长15～30天。上半年的果实产量较高，质量较好。依干的高低分为高干大蕉、中干大蕉和矮大蕉3类。

**(三)粉蕉类型(ABB群)**

又称奶蕉、蛋蕉、糯米蕉、西贡蕉。植株高大粗壮，干高3.4～5米，淡黄绿色而有少量紫红色斑纹。叶狭长而薄，淡绿色，先端稍尖，基部对称，呈心脏形。叶柄及基部被白粉，叶柄沟长而闭合，无叶翼。果轴无茸毛。果形偏直间微弯，两端钝尖，成熟时棱角不明显。果柄短，果身也较短，花柱宿存。果皮薄，果肉乳白色，汁少，紧实柔滑，肉质清甜微香，后熟后果皮浅黄色。冬季成熟的果实质量稍差。一般株产量10～20千克，高产的可达30千克。抗逆性仅次于大蕉，但易感巴拿马病，也易受卷叶虫、香蕉弄蝶幼虫为害。生育期比香蕉长1～3个月。常有退化种子，影响口感，偶有种子。依果型可分为5个品系。

**(四)龙牙蕉类型(AAB群)**

龙牙蕉别名过山蕉（广东）、美蕉（福建）、象牙蕉（四川）、打黑蕉（海南）。植株较瘦高。假茎高度在2.8～4米，假茎黄绿色间带有紫红色条斑。叶柄边缘淡红色，叶柄细长，叶基部不对称，有叶翼。叶柄及假茎被白粉。叶形较窄长。花苞表面紫红色，被白粉。果轴有茸毛。果近圆形，充实饱满，微弯或直。果皮特薄，果实充分成熟时有纵裂现象。果肉在未充分成熟时有涩味，故果实要充分成熟才能鲜食。肉质柔软甜滑，微带酸味，品质中上，售价比粉蕉高。产量一般。该类型品种抗寒，但抗风能力较大蕉差，易感染巴拿马病。

在上述4类蕉中，以香牙蕉最为耐藏，其他依次为大蕉、粉蕉、龙牙蕉。

## 二、主栽品种

目前，我国主要栽培的香蕉有以下品种。

### 1. 威廉斯(AAA群)

是广东、广西、海南等省、自治区的主栽品种之一，在云南也有大量栽培。为1981年从澳大利亚引入的新品种。属中干香牙蕉，假茎高度在2.5～2.8米。叶片较长且稍直立。果穗较长，果梳距离较疏，果实较长大。一般株产量20～30千克，产量高的可达40千克。该品种具有果实外观好、果穗整齐、丰产稳产等特点。果实总糖量为18%～21%，香味较浓，品质中上等。

### 2. 巴西蕉(AAA群)

是广东、广西、海南、云南等省、自治区的主栽品种之一。为1987年从巴西引入的品种。属中干香牙蕉，假茎高度在2.6～3.2米，植株高大粗壮。叶片较长且直立。果穗长大，一般株产量20～30千克，产量高的可达50千克。果实总糖量为18%～21%，香味较浓，品质中上等。是近年来较受欢迎的春夏蕉品种。

### 3. 东莞中把(AAA群)

原产于广东省东莞市麻涌，主栽于珠江三角洲等地。是广东东莞市主要优良品种之一，亦是外销创汇品种之一。中干香牙蕉品种。果穗、果指长。果实总糖量为18%～21%，香味较浓，品质良好，但梳形稍差。

### 4. 高脚顿地雷(AAA群)

是广东高州市优良品种，也是出口创汇品种之一。植株高大，假茎高度3～4米。叶鞘距离疏。叶柄细长。果穗长而宽，果指长20～25厘米。果实外观好，果实总糖量18.5%～22%，香味浓，品质中上。株产量较高，一般为25～30千克，个别的产量可达70千克。但易受风害，适应性较弱。

### 5. 广东香蕉2号(AAA群)

又名原63-1。是广东省农业科学院果树研究所从越南香蕉品种中选育出来的优良品种。假茎高度在2.3～2.7米。果穗较长。梳数和果指数较多。果实风味中上，果形好，果梳较整齐，果指长18～23厘米。果实总糖量为18%～21%。

一般株产量20～30千克。

### 6. 矮脚顿地雷(AAA群)

原产于广东省高州市。主栽于茂名、湛江市。属中干香牙蕉品种。果穗较长,果指长18.5～22厘米。果实总糖量为18%～21.5%,香味较浓,品质良好。一般株产量20～28千克。

### 7. 天宝蕉(AAA群)

是福建闽南地区主要优良品种。植株较矮化,一般假茎高度在1.6～2米。叶柄较粗短,叶背被白粉。花苞片表面紫红色间杂橙黄斑纹。果指中等长。果实质地柔软,清甜微带香味,品质中上。

### 8. 那龙香牙蕉(AAA群)

是广西南宁市那龙的主要优良品种。属中矮品种,假茎紫红带绿,高度为2米,叶大而厚,叶柄短。果穗长,产量高,最高株产量可达50千克以上。产量及品质以正造蕉较为理想。

### 9. 河口香蕉(AAA群)

是云南省主要优良品种。植株生长健壮,假茎高度多在1.5～2.5米,茎周在80～90厘米。叶柄短而粗,叶基部和叶鞘被白粉,叶缘和翼叶带紫红色。花苞暗紫色,有蜡粉。果柄短,果肉柔滑而香甜,品质佳。一般株产量在20～25千克,最高的可达50千克。

### 10. 开远香蕉(AAA群)

是云南省主要栽培品种。假茎高度1.9～2.1米,假茎色泽黑褐色。叶片绿色,主脉黄绿,叶背被白粉。花苞暗紫红色,披蜡粉。果指中等长。果实两端弯曲,果面有棱,味香甜,品质中上。

### 11. 台湾8号(AAA群)

为高干香牙蕉品种。选自台湾省,为广东、海南、广西近年大力推广的良种。果实总糖量为17.5%～20.5%,香味较浓,品质中上。株产量17～33千克。抗风力较差。抗病、寒性较好。可作为外销生产品种。

### 12. 仙人蕉(AAA群)

为高干矮脚品种。原产于台湾省,由台湾北蕉变异而来,为台湾主栽品种。果穗长60～110厘米。果指数140～200只,果指长18.6～22.3厘米。果型较直、长、大。果实品质中上。抗风力差,抗病、耐寒性较好。

### 13. 红达卡蕉(AAA群)

从澳洲引进的品种。属高干香牙蕉。抗寒性强,生长旺盛。假茎高度为3～4米。每穗果梳数为5～6梳,每梳果指数16条左右。果指长24厘米左右。平均单果重373.5克。该品种以其特有的浅红色果皮为主要特征。果型饱满,果指大(最大达500克),外观美。果肉偏黄,肉质细腻,含糖量高,香气浓、口感好。株产量15～25千克。

### 14. 粉蕉(ABB群)

又称糯米蕉、米蕉、美蕉、旦蕉。属ABB群,为粉蕉类品种。含糖量高(23%～26%)。果肉细滑、有糯性,清甜,微香,品质优。株产量10～23千克。

### 15. 西贡蕉(ABB群)

为引自越南的品种,属粉蕉类。果实总糖量为21.5%～24%,品质风味与粉蕉相同,果质优。株产量12.5～26千克。

### 16. 鸡蕉(AAB群)

主要在广西栽种。假茎高 2.5 米左右,上细下粗。果穗果梳数为 6 梳,中梳果指数 14 条,果指长 6 厘米。单穗重5~8 千克。果实成熟后蕉皮金黄色,肉质细腻、香甜,品质优。

### 17. 贡蕉(AA群)

又称麻蕉、金芭蕉。原产于越南。属 AA 群,甜蕉品种。果实总糖量为 22.5%~25%。果质细滑、清甜,香味浓,品质优。株产量 5~10 千克。

# 第三章　香蕉果实的采后生理

香蕉采收后，仍然是一个具有生命的活体，还在不断地进行各种生理代谢活动。这些代谢，一方面维持香蕉本身的生命，另一方面也在不断消耗果实中的各种营养成分，致使果实内的有机物质不断减少。因此，香蕉贮藏保鲜的主要任务是设法减少香蕉本身的消耗，延缓香蕉的衰老死亡。要想获得好的贮藏保鲜效果，就必须了解香蕉采后的各种生理、生化活动及其变化规律。

## 一、呼吸生理

呼吸生理是香蕉贮藏中最重要的生理活动，它制约和影响着其他生理过程。利用和控制呼吸作用这个生理过程，对于搞好香蕉产品采后贮藏至关重要。

呼吸作用是指香蕉等园艺产品的生活细胞在一系列酶的参与下，将体内复杂的有机物分解成为简单物质，同时释放出能量的过程。呼吸作用是基本的生命现象，也是具有生命活动的标志。

呼吸作用是香蕉采后最主要的生理代谢。它消耗果实在生长期间所积累的有机物质，通过把这些高分子有机物质分解成为低分子物质，将生长期间光合作用所贮藏的化学键能释放出来，供给其他的生命代谢利用；同时，在呼吸代谢过程中所产生的一些中间产物，可以作为合成其他物质的原料。此外，呼吸还具有保护作用，即当果实遭受机械损伤或微生物侵染时，果实的呼吸强度会提高，以恢复和修补伤口，产生合成新细胞所需的物质,氧化破坏微生物产生的毒素和其他有害物质;另外,还可抑制果实本身或微生物所分泌的水解酶的水解作用。因此,呼吸作用是香蕉果实具有生命的体现。

呼吸作用可以分为:有氧呼吸和无氧呼吸两个类型。有氧呼吸是主要的呼吸方式,它是从空气中吸收氧,将糖、有机酸、淀粉及其他物质氧化分解为二氧化碳和水,同时释放出能量的过程。典型的有氧呼吸反应式如下:

$$C_6H_{12}O_6\text{(葡萄糖)}+6O_2=6CO_2+6H_2O+1544\text{kJ}$$

无氧呼吸则是指果实在无氧或其他不良条件下,有机物无法完全氧化分解成二氧化碳和水,而产生乙醇、乙醛、乳酸等产物,同时释放少量能量的过程。在消耗同样多有机物质的情况下,无氧呼吸释放的能量比有氧呼吸少,因此,香蕉为了维持生命活动则需要消耗更多的呼吸底物。无氧呼吸的产物——乙醇在细胞内的积累,会导致组织中毒。无氧呼吸的典型反应式如下:

$$C_6H_{12}O_6\text{(葡萄糖)}=2C_2H_5OH\text{(乙醇)}+2CO_2+87.9\text{kJ}$$

果实在呼吸过程中,有一部分能量以热能的形式散发出来,这些释放出来的热量称为呼吸热,它会使贮藏环境的温度升高。在低温贮藏过程中,需要计算果实的呼吸热,以确定所需制冷设备的制冷量,从而维持香蕉贮藏时适宜的温度。在香蕉贮运过程中,如果通风散热条件差,呼吸热无法散发,会使产品自身温度升高,进而又刺激了呼吸,放出更多的呼吸热,将加速香蕉的后熟、腐败与变质。因此,在香蕉贮运过程中,应尽快排除呼吸热,降低产品温度。

果实呼吸的强弱一般以呼吸强度来衡量。呼吸强度是指在一定的温度下,单位重量的果实在单位时间内放出的二氧化碳的量或吸收氧气的量来表示,其单位为 $CO_2$ 毫克/千克·小时或 $O_2$ 毫克/千克·小时。

果实呼吸强度的大小，可以用于估计果实贮藏能力的高低。一般来说，呼吸强度越大，果实的呼吸作用越旺盛，营养物质消耗得越快，必然加速产品的衰老，缩短贮藏寿命。采后呼吸作用越旺盛，各种生理生化过程进行得越快，采后贮藏寿命就越短。因此，要延长香蕉果实的贮藏寿命，就要在不影响果实正常生理活动的前提下，尽量降低其呼吸强度，减少营养物质的损耗。

影响香蕉果实呼吸强度的因素主要有以下两个方面。

**(一)香蕉果实本身的因素**

果实品种不同，发育年龄和饱满度也不同，其呼吸强度也有所不同。一般来说，饱满度稍高的香蕉要比饱满度低的呼吸强度低一些。但香蕉属于呼吸跃变型的果实，在其幼嫩阶段呼吸旺盛，随着果实细胞的膨大，呼吸强度逐渐下降，达到一个最低值；开始成熟时，呼吸强度不断上升，达到一个高峰后，呼吸强度就不断下降，直至衰老死亡。这一现象被称为呼吸跃变。伴随着呼吸跃变现象的出现，跃变型香蕉果实体内的代谢会发生很大变化。当达到呼吸高峰时，果实达到最佳鲜食品质；呼吸高峰过后，果实品质迅速下降。因此，用于贮运的香蕉应在呼吸高峰到来之前进行采收。

**(二)贮运环境因素**

香蕉贮藏过程中，呼吸强度的高低还与贮藏环境的温度、湿度、气体成分以及果实受机械损伤和微生物侵染的程度有关。在一定温度范围内，温度越高，呼吸强度越大。高温还会提高果实呼吸高峰。但是温度太低，也会影响果实的呼吸强度。当温度低于香蕉果实的临界冷害温度(多数品种为11℃～13℃)，则果实会遭受冷害，反而会促进呼吸，加速果实的死亡。贮藏环境湿度过低或过高，也会促进果实的呼吸，加速营养物质的损耗。由于呼吸需要氧气的参与，同时放出二氧化碳，因此，贮藏环境气体成分的变化对呼吸强度的高低影响也很大。此外，当果实采后遭受机械损伤或微生物侵染时，也会导致果实产生伤呼吸，从而缩短其贮藏寿命。

因此，适当降低贮藏环境的温度、氧气含量，提高二氧化碳含量，可以有效地抑制香蕉果实的呼吸和其他生理代谢，有利于延长香蕉的贮藏寿命，这是香蕉果实气调贮藏的基本原理。另外，在香蕉采收、运输过程中，应尽量避免机械损伤，实行无伤采运，可有效地抑制香蕉果实的呼吸强度。

## 二、蒸发生理

水分是生命活动必不可少的，是影响香蕉新鲜度的重要物质。在田间生长的香蕉水分蒸发可通过土壤得到补充，而采后的香蕉果实则断绝了水分供应。在贮藏中失水，将造成香蕉的失重、失鲜，进而破坏其正常生理代谢过程，对贮藏极为不利。当失水严重时，还会造成代谢失调。香蕉萎蔫时，原生质脱水，会使水解酶活性增加，加速其水解，一方面使呼吸基质增多，促进呼吸作用，加速营养物质的消耗，削弱组织耐藏性和抗病性；另一方面营养物质的增加也为微生物的活动提供方便，加速了香蕉的腐烂。失水严重还会破坏原生质胶体结构，干扰正常代谢，产生某些有毒物质；同时，细胞液浓缩，某些物质和离子（如 $NH_4^+$、$H^+$）浓度增高，也能使细胞中毒；过度缺水，还会使脱落酸（ABA）含量急剧上升，加速其衰老。

因此，控制香蕉采后水分的蒸发，对于搞好香蕉果品贮藏具有重要意义。控制贮运中香蕉蒸发失水速率的方法主要有以下 4 种:①严格控制采收成熟度,不能过早采收,以使保护层发育完全。②增大贮藏环境的相对湿度。贮藏中可以采用地面洒水、库内挂湿草帘等简单措施,或用自动加湿器加湿等方法,增加贮藏环境空气的含水量,以达到抑制水分蒸发的目的。③采用稳定的低温贮运是防止失水的重要方法。一方面,低温可抑制代谢,对减少失水可起一定作用;另一方面,低温下饱和湿度小,产品自身蒸发的水分能明显增加环境相对湿度,使失水缓慢。④采用塑料薄膜等包装材料进行包装,保持贮藏环境的相对湿度。

## 三、乙烯代谢

乙烯是植物五大激素之一,是促进果实成熟的一种植物激素。几乎所有高等植物的器官、组织、细胞都具有产生乙烯的能力,一般生成量很微小,但在某些发育阶段(如萌发、成熟、衰老)其产量急剧增加,从而调节植物的生长发育。香蕉在采后贮运过程中,乙烯的产生对其有显著的影响,特别是在果实开始转黄时,会出现乙烯释放高峰,随后出现呼吸高峰,果实逐渐步入衰老死亡阶段,不能再继续进行贮运。因此,在香蕉贮运期间,要设法控制香蕉的乙烯代谢。

贮藏中,控制果品内源乙烯的合成和及时清除环境中的乙烯气体都很有必要。香蕉果实中乙烯的合成主要受下列因素的影响。

### (一)果实成熟度

不同成熟阶段的组织对乙烯作用的敏感性不同。香蕉属于呼吸跃变型果实,在跃变前对乙烯作用不敏感,随着果实的发育,在基础乙烯的作用下,组织对乙烯的敏感性不断上升;当组织对乙烯的敏感性增加到能对内源乙烯作用起反应时,便启动了成熟和乙烯自我催化，乙烯则大量生成。因此，需要长期贮藏的香蕉一定要在此之前采收。

**（二）伤　害**

贮藏前要严格剔除有机械伤、病虫害的果实，这类果实不但呼吸旺盛，传染病害，还由于其产生伤乙烯，会刺激成熟度低且完好的果实很快成熟衰老，因而，将大大缩短贮藏期。干旱、水淹、温度等的胁迫以及运输中的震动都会使果品产生伤乙烯。

**（三）贮藏温度**

乙烯的合成是一个复杂的酶促反应，一定范围内的低温贮藏会大大降低乙烯合成。随温度上升，乙烯合成加速，在20℃～25℃条件下乙烯合成最快。因此，采用低温贮藏是控制乙烯的有效方法。

**（四）贮藏的气体条件**

乙烯合成最后一步是需要氧参与的，低氧可抑制乙烯产生；提高环境中二氧化碳浓度能抑制 1-氨基环丙烷-1-羧酸(ACC)向乙烯的转化和 ACC 的合成；二氧化碳还被认为是乙烯作用的竞争性抑制剂。因此，适宜的高浓度二氧化碳从抑制乙烯合成及乙烯作用两方面都可推迟果实后熟；少量的乙烯会诱导 ACC 合成酶活性，造成乙烯迅速合成。因此，在香蕉贮运中应及时排除已经生成的少量乙烯。

## 四、化学组成的变化

香蕉果品的化学组成是构成其品质最基本的成分，同时又是生理代谢的参加者，它们在贮运加工过程中的变化直接影响着产品的质量、贮运性能与加工品的品质。

### (一)碳水化合物

碳水化合物是香蕉果实中含量最多的有机物质,它包括糖、淀粉、果胶、纤维素等物质,也是干物质的主要成分。

香蕉果实在生长发育期间,光合作用产物主要以淀粉的形式贮存于果实中。当果实采收后,随着果实的逐渐成熟,淀粉逐渐分解为可溶性糖,供给果实生命活动需要,因而在贮藏期间,香蕉果实中的淀粉含量逐渐下降,而糖含量则逐渐增加。

**1. 糖** 香蕉果实含糖量较高,其主要成分是果糖(约6.9%)、葡萄糖(约6.9%)和蔗糖(约2.7%)。糖是决定香蕉果实营养和风味的主要成分,是表现甜味的主要物质,也是主要的贮藏物质之一。糖分含量对果实贮藏能力有很大影响,因为糖是贮藏中的主要呼吸基质,供给果实的呼吸作用,维持生命活动。果蔬中的糖不仅是构成甜味的物质,也是构成其他化合物的成分。例如,果实中的维生素C是由糖衍生而来的,某些芳香物质常以配糖体的形式存在,许多果实的鲜艳颜色来自糖与花青素的衍生物,属于多糖结构。此外,糖还是合成淀粉、纤维素、蛋白质等的主要原料。

可溶性固形物是指果蔬产品中可溶于水的干物质。糖在果蔬汁可溶性固形物中占的比例最大,因此,在测定香蕉含糖量时,常用手持式测糖仪(折光仪)测定果汁中可溶性固形物的浓度,用其代替香蕉的含糖量。

**2. 淀粉** 香蕉果实中淀粉的含量因其成熟度不同而异。在未成熟时含淀粉较多,随着果实的后熟,淀粉迅速水解为可溶性糖,从而增加香蕉的甜度。充分成熟的香蕉果实中淀粉含量极少。在香蕉的绿果中,一般淀粉含量占20%~25%,而成熟后下降到1%以下。

**3. 纤维素** 纤维素是果蔬骨架物质细胞壁的主要构成部分，对组织起着支持作用，也是反映果蔬质地的物质之一。它在果蔬的皮层中含量较多。纤维素不溶于水，人体胃肠不能消化纤维素，但它们能促进胃、肠蠕动，刺激消化腺的分泌而有助于消化，增强肠道吸收能力，起着间接消化的作用。香蕉果实初采时含纤维素一般为2%～3%，成熟时略有减少。

**4. 果胶** 果胶物质是构成细胞壁的主要成分之一，它沉积在细胞初生壁和中胶层中，起着黏结细胞个体的作用。果胶在果实中的含量与存在的状态，是影响果蔬质地软硬、脆绵的重要因素。香蕉的硬度与果胶物质的变化密切相关。果胶物质在香蕉果实中通常以3种状态存在：

(1)原果胶 存在于细胞壁中胶层，不溶于水，常与纤维素结合。未成熟的果实中多为原果胶，紧密地粘结果实细胞，使果实质地显得坚硬而脆。随着果实的成熟，在酶的作用下，酯化度和聚合度变小，原果胶转变为水溶性的果胶，进入细胞汁中，粘不住细胞，则细胞间连结松弛，果实硬度亦随之降低。

(2)果胶 存在于细胞液内，与细胞内其他物质一起构成溶胶状态，易溶于水。成熟果实之所以变软，是原果胶与纤维素分离变成了果胶，使细胞间失去粘结作用，因而形成松弛组织。果胶的降解受成熟度和贮藏条件的影响。

(3)果胶酸 果实过熟，果胶水解成果胶酸，使果实变绵软或成软烂状态。果胶酸是一种多聚半乳糖醛酸。果胶酸可与钙、镁等结合成盐，不溶于水，呈胶态，可以生成果胶酸的正盐或酸性盐。在果胶酸酶作用下，可转变为还原糖和半乳糖醛酸，使果实解体。

果胶物质的变化可简单表示如下：

$$原果胶 \xrightarrow[\text{成熟阶段}]{\text{原果胶酶}} 果胶 + 纤维素$$

$$果\quad胶 \xrightarrow[\text{过熟阶段}]{\text{果胶酶}} 果胶酸 + 甲醇$$

$$果胶酸 \xrightarrow[\text{过熟阶段}]{\text{果胶酸酶}} 还原糖 + 半乳糖醛酸$$

香蕉果实在未充分成熟前，果实质地很硬，经过一段时间或人工催熟后果实才变软，这是由于未成熟的果实含有果胶质。在果实成熟以前，果胶质以原果胶状态存在，原果胶不溶于水，而且粘力很强，使香蕉细胞紧紧粘结，因而果实很坚硬。在果实成熟的过程中，原果胶在原果胶酶的作用下，水解成为可溶性果胶，并与纤维素分离，使细胞松散，果实随之变软、发绵，硬度下降，耐藏性变差。若果实进一步成熟，果胶就会进一步转变为果胶酸，失去黏性，使果实呈软烂状态。这时微生物容易入侵，果实易腐烂变质。真菌和细菌能分泌可分解果胶物质的酶，加速香蕉组织的解体，造成腐烂。因此，在贮运中必须注意避免这种现象发生。故此，在香蕉贮运期间，测定原果胶含量的变化，可作为鉴定香蕉果实能否继续贮藏的标志之一。

### (二)有机酸

果蔬的酸味来自于各种有机酸，它是影响风味的重要因素之一。有机酸可调节人体内酸碱度的平衡。

香蕉果实所含的有机酸主要是苹果酸、柠檬酸和草酸。香蕉果实所含可滴定酸在发育中逐渐下降，成熟时含量为0.2%～0.4%，其中以草酸下降尤为明显，而柠檬酸和苹果酸在后熟过程中却增加(表 3-1)。

表 3-1 香蕉后熟期间有机酸含量的变化 （毫克/100 克果肉）

（Wyrran 等，1964）

| 成分 | 呼吸跃变前 | 呼吸跃变期 | 呼吸跃变后 |
| --- | --- | --- | --- |
| 苹果酸 | 182 | 720 | 831 |
| 柠檬酸 | 143 | 357 | 456 |
| 草酸 | 294 | 166 | 173 |

**（三）维生素**

果蔬是人类食品中维生素的重要来源，它对维持人体的正常生理功能起着重要作用，如果缺乏则会导致各种疾病。香蕉果实中主要含有维生素 A、维生素 C、维生素 B。每 100 克香蕉果实中约含有 20 微克的维生素 A、10～20 毫克的维生素 C、10 微克的维生素 B，以及微量的维生素 E 和维生素 K。香蕉采后，其维生素 C 的含量由于氧化而逐渐下降。

**（四）含氮物质**

含氮物质主要是蛋白质，其次是氨基酸、酰胺及某些铵盐和硝酸盐。果蔬中游离氨基酸为水溶性，存在于果蔬汁中。一般果实含氨基酸都不多，但对人体的综合营养来说，却具有重要价值。香蕉果实在生育、成熟的过程中，其游离氨基酸含量发生了变化（表 3-2），这些氨基酸含量的变化与其生理代谢变化密切相关。果实中游离氨基酸的存在，是蛋白质合成和降解过程中代谢平衡的产物。果实成熟时，氨基酸中的蛋氨酸是乙烯生物合成中的前体。

表 3-2　香蕉后熟过程中游离氨基酸含量的变化　(毫克/100 克果肉)

(绪方等,1976)

| 氨基酸组成 | 后熟天数 | | | | |
|---|---|---|---|---|---|
| | 0 | 1 | 5 | 10 | 15 |
| 天门冬氨酸 | 5.1 | 4.6 | 4.5 | 4.2 | 2.4 |
| 苏氨酸 | 3.3 | 3.1 | 4.5 | 5.1 | 3.7 |
| 丝氨酸 | 4.5 | 4.1 | 7.9 | 12.2 | 8.2 |
| 脯氨酸 | 3.0 | 3.1 | 3.9 | 3.9 | 2.1 |
| 丙氨酸 | 2.3 | 2.3 | 2.2 | 2.1 | 3.3 |
| 缬氨酸 | 1.7 | 2.0 | 8.5 | 24.0 | 34.2 |
| 异亮氨酸 | 1.5 | 1.4 | 1.2 | 1.3 | 1.4 |
| 亮氨酸 | 4.5 | 4.7 | 17.4 | 28.9 | 30.3 |
| γ-氨基丁酸 | 4.9 | 4.1 | 6.8 | 7.2 | 7.8 |
| 组氨酸 | 5.9 | 5.3 | 6.1 | 5.4 | 6.2 |
| 精氨酸 | 6.5 | 5.3 | 6.1 | 5.0 | 4.2 |
| 谷氨酸 | 3.5 | 6.1 | 5.0 | 4.8 | 3.0 |
| 天冬酰胺 | 26.1 | 20.2 | 33.6 | 33.7 | 20.1 |
| 谷酰胺 | 26.0 | 17.9 | 13.4 | 15.7 | 10.2 |

### (五)芳香物质

香蕉的芳香物质主要成分是醋酸异戊酯,还有乙酸戊酯、乙酸丁酯、丁酸戊酯、苯甲醛、乙酸苄酯、甲酸苄酯、丙酸苄酯、桂皮酸苄酯、桂皮油、丁香油、乙酸乙酯、丁酸乙酯、癸二酸二乙酯、十三碳酸乙酯、柠檬油、橘油、甘椒油、香草精等。其中,醋酸异戊酯具有香蕉香味,乙酸丁酯具有果香味,而当香蕉过熟时散发出的霉臭味,主要是由于存在乙酸甲酯。随着香蕉果实的成熟,会释放出具有特殊的香蕉香味,可以此作为判断果实成熟的一个标志。

### (六)单　宁

单宁物质也叫鞣质,属于一种多酚类化合物,它具有收敛性涩味，是果实未熟前具有涩味的重要原因。青绿未熟的香蕉果肉具有涩味，其含量以果皮部分为最多，比果肉多3～5倍。

单宁物质也是导致果实褐变的一个重要原因。当香蕉果实受到机械损伤或受病菌侵染、昆虫叮咬时，或者在剥开果皮后，香蕉受伤部位很快变褐变黑，就是由于存在单宁物质的缘故。单宁在有氧存在的条件下，被香蕉体内的多酚氧化酶催化氧化，形成黑色素类聚合物。

随着香蕉的成熟，单宁物质不断下降。当果实成熟后，单宁含量仅为青绿果肉含量的1/5。

**(七)色　素**

香蕉果实在成熟过程中，果皮颜色逐渐由青绿色转为黄色，这是由于香蕉果皮存在色素的缘故。香蕉果实中的色素主要是叶绿素、类胡萝卜素。

未黄熟的香蕉果皮中含有大量的叶绿素，这是香蕉果皮呈现绿色的主要原因。香蕉果皮中的叶绿素是两种结构很相似的物质即叶绿素a（$C_{55}H_{72}O_5N_4Mg$）和叶绿素b（$C_{55}H_{70}O_5N_4Mg$）的混合物。随着香蕉果实的成熟，果皮颜色由绿色转为黄色，就是由于叶绿素在叶绿素酶的作用下被分解，绿色消失，而使其他的颜色表现出来。类胡萝卜素是一类脂溶性色素，它构成香蕉的黄色。属于类胡萝卜素的有α胡萝卜素、β胡萝卜素和γ胡萝卜素、叶黄素等，其中β-胡萝卜素被人体摄取后可转变为维生素A。

**(八)矿质元素**

香蕉果实中的矿质元素含量虽较其他有机物质少得多，但它在果实的生命代谢中起着非常重要的作用，也是重要的营养成分之一。在香蕉果实中，主要存在的矿质元素是钾、钠、镁等金属元素(表 3-3)。

**表 3-3　几种水果的无机物质组成　(%)**

(绪方等,1977)

| 成　分 | 香　蕉 | 苹　果 | 柿　子 | 梨 | 葡　萄 | 梅 | 柑　橘 |
|---|---|---|---|---|---|---|---|
| 钾 | 56 | 57 | 67 | 51 | 57 | 66 | 44 |
| 钠 | 3 | 5 | 3 | 8 | 1 | 3 | 3 |
| 钙 | 1 | 10 | 6 | 8 | 12 | 3 | 23 |
| 镁 | 5 | 6 | 3 | 6 | 5 | 6 | 5 |
| 铁 | 0.3 | 1.1 | 0.7 | - | - | 1 | 1 |
| 锰 | 0.4 | 2 | 0.1 | - | - | 0.3 | 0.4 |
| 磷 | 5 | 17 | 1 | 14 | 16 | 13 | 13 |
| 硫 | 3 | 3 | 9 | 6 | 6 | 2 | 5 |
| 硅 | 2 | 1 | 2 | 3 | 3 | 5 | 1 |
| 氯 | 1.5 | - | 0.4 | - | 1 | 0.2 | 1 |

**(九)酶**

香蕉果实细胞中含有各种各样的酶,有的溶解在细胞汁液中,有的存在于细胞膜上。香蕉中所有的生物化学作用,都是在酶的参与下进行的。例如,香蕉果实在成熟中变软,果皮转黄,呼吸升高等生理变化,是由于果胶酯酶和多聚半乳糖醛酸酶活性增强、乙烯形成酶、叶绿素酶等多种酶参与的结果。

在香蕉中也富含多酚氧化酶(PPO)。该酶是一种含铜的酚酶,在香蕉的贮运和加工过程中,它催化受伤组织中酚类物质的氧化反应,产生令人讨厌的酶褐变,影响香蕉产品的营养价值和外观品质。

近年来,笔者研究发现,我国商品性栽培的巴西蕉(AAA)、那龙蕉(AAA)、威廉斯蕉(AAA)、红达卡蕉(AAA)、贡蕉(AA)、米蕉(AA)、鸡蕉(AAB)、大蕉(ABB)和粉蕉(ABB)等 9 个香蕉品种果实的果肉和果皮中都有 PPO

活性,而且所有的PPO都强烈地催化多巴胺和酪胺的氧化反应(表3-4)。其中,AAA和AA基因组香蕉的果肉和果皮PPO对多巴胺的氧化活性高于ABB和AAB基因组香蕉的酶活性。

**表3-4 9个香蕉品种的多酚氧化酶(PPO)活性** 单位/毫克蛋白质

| 品种 | 以多巴胺为氧化底物 | | 以酪胺为氧化底物 | |
|---|---|---|---|---|
| | 果肉PPO | 果皮PPO | 果肉PPO | 果皮PPO |
| 威廉斯蕉(AAA) | 23.51 | 20.73 | 23.22 | 20.55 |
| 巴西蕉(AAA) | 25.72 | 22.02 | 25.46 | 22.26 |
| 那龙蕉(AAA) | 24.09 | 21.79 | 24.70 | 21.96 |
| 红达卡蕉(AAA) | 18.41 | 19.56 | 16.63 | 18.88 |
| 米蕉(AA) | 21.59 | 18.97 | 21.51 | 18.61 |
| 贡蕉(AA) | 22.82 | 26.86 | 22.68 | 26.82 |
| 鸡蕉(AAB) | 5.11 | 10.41 | 4.24 | 10.18 |
| 粉蕉(ABB) | 7.73 | 11.97 | 6.42 | 11.25 |
| 大蕉(ABB) | 7.83 | 6.75 | 7.82 | 5.69 |

通过测定巴西蕉(AAA)等香蕉果实发育过程中PPO的活性变化,结果发现香蕉果肉和果皮中的PPO活性都随着果实的发育而明显降低。

另外,笔者的研究还发现:在乙烯催熟香蕉期间,其果肉PPO活性先随着催熟而明显上升,之后又明显地下降,出现一个与呼吸跃变型相似的PPO活性高峰。因此,选用PPO活性低的品种与成熟度原料进行加工,对抑制香蕉加工过程中出现的酶褐变是非常重要的。

Young等(1975)从香蕉果肉浸提液中还发现,在完熟的所有时期均含有2种α-淀粉酶、2种β-淀粉酶和3种磷酸化酶,而在跃变前期的浸出液中,还含有多种淀粉水解抑制剂。呼吸跃变开始后淀粉含量急剧下降,意味着此时淀粉水解酶已被活化或重新合成。

综合上述,香蕉在成熟和贮运过程中化学成分的变化呈现如下规律:淀粉、单宁、维生素 C、原果胶、叶绿素等物质减少,多酚氧化酶活性降低,而可溶性糖和可溶性果胶则有所增加。

# 第四章 影响香蕉贮运的因素

## 一、采前因素

采前因素与香蕉产品质量及其耐贮性有着密切关系。影响香蕉产品质量及其耐贮性的采前因素主要有香蕉本身因素、栽培技术措施和栽培环境条件等。选择品质优良、生长发育良好的产品作为原料，是搞好香蕉贮运的重要基础。

### (一)香蕉本身因素

**1. 种类或品种因素** 不同的香蕉种类其耐藏性有所不同。香牙蕉的耐藏性最好，其他依次为大蕉、粉蕉、龙牙蕉。同一种类中，皮厚的要比皮薄的耐贮藏。

**2. 生长季节** 一般而言，在冬季生长的果实，生长较慢，生长期长，积累的物质相对地多一些，其耐藏性要好些。在夏季生长的果实(夏蕉)，因生长速度快，生长期短，所积累的物质相对地少些，含水量多，不如冬季生长的果实(冬蕉)耐藏。不同季节采收的香蕉，其采后成熟速度有明显的差异。在相同条件下，9月份采收的香蕉比2月份采收的香蕉成熟要快2～3天。

**3. 饱满度** 对绿熟香蕉而言，常不称“成熟度”，而叫“饱满度”。实际上，采收的蕉果一般没有到达成熟阶段。通常说的七八成熟是指蕉果长大的程度。一般以蕉果外表棱角的大小来判断其饱满度。随着香蕉的成长，棱角由锐角增大变为钝角。饱满度越大越不耐藏，需要长时间、长距离运输的果实，采收时饱满度要小些(70％～80％)；作近地销售和不作长期贮藏的，采收时饱满度可以大些(80%～90%)。

**(二)栽培技术措施**

**1. 施肥情况** 单一施用氮肥，植株生长得快，但其果实品质和耐藏性差，生产上应注意氮、磷、钾肥料的合理搭配。实践证明，施用有机肥，增施钾肥，适当施用钙肥，能提高香蕉的耐藏性。

**2. 灌溉情况** 水分是香蕉生长不可缺少的物质，但过多的水分供应也会降低果实的耐藏性，使果实组织细胞液稀释，细胞极度膨胀，容易受机械损伤而不耐贮运。因此，常把香蕉种在开有深沟、容易排灌的围田区或基围上。在采收前，切忌大量灌水。采前灌水虽然可增加一些产量，但果实很不耐贮藏，反而得不偿失。

**3. 病虫害防治** 香蕉在栽培期会出现数十种病虫害，对贮藏影响最大的有炭疽病、黑腐病、黑星病3种。

(1)炭疽病 这是世界上香蕉种植地区的一种最常见的病害。这种病最初发生于果园，但在贮运期间危害最重，造成的损失最大。未成熟的青香蕉和成熟香蕉均可被炭疽病感染。在被害的青果果皮上，首先出现褐色或黑褐色的小圆斑，随着果实的成熟衰老，病斑迅速扩大，几个病斑连接成片，形成大斑块，后期斑块还会下陷；湿度大时，病斑表面出现朱红色的黏质小点，这是病菌的分生孢子，通常在2～3天内使大部分果面变黑，导致果肉腐烂。在被害的成熟香蕉果实表面散生褐色或暗红色小点，果实发出特异香味，这些斑点逐渐扩大，并向果肉深入造成腐烂。此症状在广东、广西常称为"芝麻蕉"或"梅花点香蕉"，这并非是一种优良品种，而是炭疽病的一种症状表现。

该病病原菌只侵染芭蕉属，以香牙蕉受害最严重，大蕉次之，龙牙蕉很少受害。不同品种的发病程度亦有差异，一般含糖量高的品种发病快，病斑大，危害重，通常侵染只需要6～10天；而含糖量低的品种则相反，侵染需要15～20天。

(2)香蕉黑腐病　是国内外香蕉市场上的一种常见病害，是仅次于炭疽病的主要病害。

该病无论在田间或在收获后的贮藏果实上均可发生。病原菌可危害花、主茎，更严重的是导致果实贮运期间的腐烂。它可以引起香蕉轴腐病、冠腐、果指断落和果指腐烂。发病后从果轴开始向小果柄蔓延，病前缘水渍状，暗灰褐色，逐步扩展到果肉，造成蕉果掉把散落；到后期果皮会爆裂、果肉僵硬难以催熟或果肉外软心硬，食之有淀粉味感，完全丧失了香蕉原有的风味。后期病斑上散生大量小黑点，或者出现蜘蛛网状的暗褐色霉层，即病原菌的子实体。

(3)黑星病　该病在我国南方香蕉主产区均有发生，在台湾省则是一种重要的香蕉病害。该病又叫黑痣病雀斑或黑斑病，危害虽不严重，但在蕉果表面散落许多小黑粒；当果实成熟时，在小黑粒的周缘会形成褐色的晕斑，后期晕斑腐烂下陷，小黑粒凸起更明显，影响果实外观，使商品价值降低。

**(三)栽培的环境条件**

栽培环境条件包括栽培处的地势、水位、小气候等。不同条件下栽培的香蕉对其耐藏性有一定的影响。在旱地、坡地栽种的香蕉要比种在水位高的围田区的耐藏；冬蕉要比8～10月成熟的耐藏；生长在海南岛的香蕉因其阳光充足，香蕉催熟后的皮色要比生长在大陆的鲜亮美观。

## 二、采后因素

**(一)香蕉呼吸强度**

香蕉是一种呼吸跃变型的水果,在后熟过程中,随着果实的变黄,出现一个呼吸高峰。随后又逐渐下降,同时果实进入衰老阶段,果皮表面出现梅花点,果实无法继续贮藏。香蕉果实后熟越快,越不耐贮藏。

香蕉果实的呼吸强度与乙烯释放关系密切,在出现呼吸高峰的同时,也出现乙烯释放高峰。当采用外源乙烯处理,可以加速果实的成熟。外源乙烯或乙烯利浓度越高,刺激香蕉呼吸增加的幅度也越大,香蕉后熟加快,呼吸高峰也越早到来。

随着呼吸高峰的出现,香蕉果皮变黄,涩味消失,淀粉转化成糖,风味变甜,果实变软,并散发出诱人的香味。要延长香蕉的贮藏寿命,必须设法延缓呼吸高峰的到来,即要减缓果实后熟的速度。

**(二)采后贮运环境**

**1. 温度** 香蕉属热带水果,对温度十分敏感,在11℃以下易出现冷害。温度越低出现冷害越快,在5℃～7℃下为6天,在8℃～9℃下为20天。大部分蕉果都会出现冷害。

香蕉冷害的症状主要表现为:果皮先失去光泽,进而灰蒙一片,逐渐变成深灰色以至黑色,继而形成不规则下陷的斑块,致使香蕉不能催熟变软,即便是催熟了,果皮也变黑,使皮肉难分,果肉硬实。遭受短期(2～3天)冷害的香蕉,催熟后果皮不呈金黄色而呈灰黄色,外观品质大大降低。

相反,贮温过高(高于25℃),蕉果将很快成熟,常出现“青皮熟”香蕉。同时,温度是影响呼吸的主要因素。随着温度的升高，呼吸强度增大，消耗的物质增多；相反，温度降低，呼吸强度也下降。由于高温促使果实呼吸强度提高，产生的二氧化碳不但增加了内含物的消耗，而且使包装内的二氧化碳浓度提高，积累到一定程度时，会导致蕉果中毒，出现生理病害，使果皮出现暗灰色，果肉也难以变软或果心硬实似棒。

香蕉的贮藏适温为11℃ ～13℃。温度的高低，还影响到水分的蒸发快慢。因此，温度是在各种影响因素中占首位。

**2. 湿度** 湿度的影响虽不如温度明显，但对呼吸仍有很大的影响。稍为干燥的条件，可以抑制呼吸；湿度大，则可以促进呼吸；湿度过低，会导致香蕉萎蔫皱缩，也会促进呼吸，并影响香蕉的后熟和质量。在90％以上的相对湿度下，香蕉能正常成熟，果皮鲜亮，并出现正常的呼吸高峰；在空气相对湿度为80％以下时，香蕉不出现呼吸高峰，而且不能成熟。湿度还影响香蕉的鲜度，特别是催熟时，如湿度不足，不但果皮皱缩，果实颜色也失去了诱人的鲜美。但是，在高湿度中必须注意做好香蕉本身的防腐和库房的消毒工作；否则在高温和高湿条件下，有利于微生物的生长，导致贮藏的香蕉出现大量的腐烂。

**3. 气体成分** 采后的香蕉仍是个有生命的活体，主要表现在它仍具有呼吸作用。有呼吸作用就要吸收空气当中的氧气，呼出二氧化碳。因此，为了维持其生命，在贮藏环境中必须要有充足的新鲜空气。但是，香蕉却是一种比较能耐受高二氧化碳浓度的果实。贮藏环境中若少一点氧气、积存高一点的二氧化碳，不但没有坏的影响，而且在一定比例的浓度下反而能降低香蕉本身的呼吸作用。这样一来，香蕉贮藏物质的消耗减少了，更有利于延长其贮藏寿命。因此，人们在掌握此特性后，提出了气体贮藏的概念与方法。往往采用气调贮藏要比普通的冷藏的贮期要长、效果要好。所以，气调贮藏特别适用于香蕉。

在贮藏环境中，除了氧气和二氧化碳对香蕉有影响外，乙烯也是个有重要影响的气体。凡是果实将要成熟和成熟时，都会产生大量的乙烯。香蕉对乙烯非常敏感，极微量的乙烯(10～50 微升/升)即可启动并促进香蕉的成熟。因此，在贮藏香蕉的环境中，一定要把乙烯排除净；否则，被催熟了的香蕉就不能再贮存。通常，采用乙烯吸收剂把乙烯去除。乙烯吸收剂是一种专门吸收乙烯的化学药剂，其主要成分是高锰酸钾，把高锰酸钾配成饱和溶液后，选用吸收性能好而又不被腐蚀的物料做载体，甚至可以用砖头块、瓦片。可按香蕉不同的饱满度和贮运时间的长短以及当时温度的高低，将适量的吸收剂放入包装箱内，让其吸除蕉果放出的乙烯气体，达到防止香蕉在贮运中过早成熟的目的。使用时要注意，高锰酸钾具有强烈的腐蚀作用，不能与香蕉直接接触，应使用抗氧化能力强的物料，如无纺织品、涤纶布或尼龙纱等制做成小袋，包装好吸收剂，再放入果箱中。

**(三)机械损伤**

香蕉极易受到机械损伤。在采前及采后处理过程中，由于处理不当、昆虫叮咬、风吹雨打、堆叠挤压、与包装的摩擦等，均可引起香蕉的机械损伤。受伤后的香蕉，由于呼吸作用和乙烯代谢增强，果实会提早变黄，而且病菌易从伤口入侵而引起腐烂。此外，受伤的香蕉果皮在成熟前，虽然看不出明显的症状，但成熟后果面的伤痕处变黑，会严重影响果实的外观和贮运性。由此可见，机械伤是香蕉果实贮藏的致命伤，避免机械损伤，是香蕉保鲜各个环节中必须特别重视的问题。

# 第五章　香蕉贮运保鲜技术

香蕉贮运保鲜是一个系统工程，包括采前管理、采收、采后处理、防腐保鲜、贮藏和运输管理等许多环节，而且环环相扣，无论哪一个环节都应做好；否则，都会影响最终的贮运保鲜效果。香蕉贮运保鲜的操作工艺流程如图 5-1 所示。

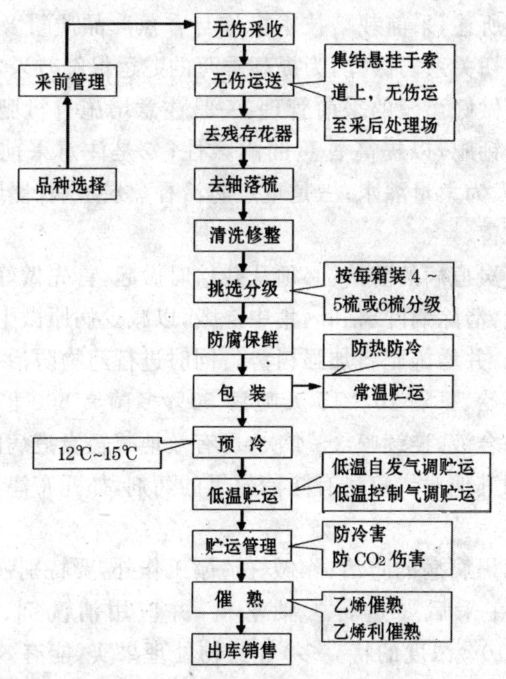


**图 5-1　香蕉贮运保鲜工艺流程图**

下面介绍香蕉贮运保鲜的操作要点。

## 一、选择优良品种

香蕉的种类和品种不同,其外观品质、内在品质及耐贮性也有差异。香蕉贮运保鲜,应选择果型大、果形美观、果梳较整齐、风味良好、耐贮性强的香牙蕉品种。从国外引进的巴西蕉、威廉斯蕉及各地的地方优良品种均适用于贮运保鲜。

## 二、搞好采前管理

如前所述,采前栽培技术措施与香蕉产品质量及其耐贮性有着密切关系。因此,为提高香蕉的贮运保鲜效果,必须十分重视并做好蕉园的采前管理:一是注意增施有机肥、钾肥,适当施用钙肥,以提高香蕉的耐藏性;二是注意采前适当控水,切忌人为大量灌水;三是重点防治香蕉炭疽病、黑腐病、黑星病等病害。

香蕉炭疽病的防治:必须从栽培时做起,首先做好冬季的清园工作,清除病叶、枯叶,集中烧毁,以减少病原微生物的潜藏与传染,并增施肥料加强树势。同时进行药物防治,从抽蕾开花期开始,每隔 10～15 天喷洒 50%多菌灵 500 倍液+高脂膜的混合液,连续喷 3～4 次,可有效地减轻炭疽病的危害。也可使用其他对炭疽病有防治效果的药剂,如托布津、施保克等。

香蕉黑腐病的防治:除做好清园工作外,要特别强调防止机械伤;在采后要进行去轴落梳,并应用清洗剂、防腐剂($1\,000\times10^{-6}$ 浓度的特克多)等药物处理果实,能有效地防止发生黑腐病及其蔓延。

香蕉黑星病的防治:除了选育抗病品种、搞好果园卫生外,在抽蕾挂果期套袋,并定期用 70%的百菌清可湿性粉剂

800～1 000 倍溶液,或 70%甲基托布津可湿性粉剂 800～1 000倍溶液,或 40%灭病威胶悬剂 600～800 倍溶液喷洒叶片和果实。

目前,为预防果实的病虫害,常在断蕾后立即套袋护果,其效果显著,生产上已普遍推广使用。常用的果袋为长 80～120 厘米,宽为 50～60 厘米,厚为 0.03～0.04 毫米的浅蓝色聚乙烯薄膜套袋,套袋打有小孔,以便通气和散热。其具体做法是:在最后一次喷药并断蕾后,用套袋由下而上套住整个果穗,套的上端紧扎在果轴上,下部随其开口且要比果穗长出 15～20 厘米,这样,既可防范病菌的入侵,也可通风透气。

## 三、无伤采运

采收是香蕉栽培管理的最后一项作业,又是贮运保鲜的开始。采收和运送正确与否直接关系到产品的质量和贮运保鲜的效果。要做好香蕉的贮运保鲜,最关键的环节就是要做到适时、适熟、无伤采收和无伤运送。

### (一)适时采收

**1. 采收标准** 香蕉采收时,一般不是凭果皮的颜色变化或果实的硬度来确定,而是根据香蕉果实成长的大小即饱满度来确定采收期。采收标准的确定常用以下方法:

(1)根据果实棱角明显与否确定成熟度 果实在发育初期棱角明显,以后随着果实长大,棱角变钝,果身变圆,果皮颜色由绿色变淡,果肉发育也日益充分,逐渐成熟。通常以蕉身的饱满程度来判断香蕉的成熟度,目测法是最可靠而又最简单易行的方法。习惯上以果穗中部的蕉果为准,在一穗果中,中部几梳蕉指棱角明显高出,则其成熟度在 7 成以下;若果身近于平满则达到 7 成熟;果身圆满但尚见棱角为 8 成熟;果身圆满且棱角不明显则达到 9 成熟以上。

(2)根据断蕾日数确定成熟度　在 6～8 月断蕾的，多数品种经 80～100 天即可达到 7 成或 8 成熟；在 10～11 月断蕾的，需经 130～150 天才能达到 8 成熟。

(3)根据果实横切面长短径的比值确定采收期　香蕉果发育初期的横断面为扁长形，随着果实的生长发育而渐近圆形，如果蕉指中部横切面的短、长径比值为 0.75 时，即达到可采收标准。

(4)根据果肉和果皮比率确定采收期　果实发育初期，果皮厚，所占比率高于果肉；随着果实的生长和发育，果肉渐渐增加，果皮也变薄，所占的比率逐渐降低。当果肉占全果重量为 75％时，果实发育已达 7 成熟以上，可以立即采收；也可延长 7～10 天再采收。

除上述采收标准外，还应考虑果实销售市场的远近、用途以及运输工具等条件。一般常温远途运输或打算较长期贮藏的香蕉，要求在七八成熟即采收。蕉果的饱满度与贮藏寿命成负相关，饱满度越大越不耐藏。近十成饱满度时采收的果实，不但不耐藏，而且在催熟后果皮容易爆裂；尤其是贮运条件不好，没有冷藏库(车)贮运的，采收时的饱满度不能过高。如果用于近销或加工香蕉干、香蕉酱、香蕉酒或香蕉粉的，则要求果实在八九成熟时才采收。

**2. 采收时间**　采收香蕉也与采收其他果实一样，通常选择在阴天或晴天早晨露水干后采收。如果在晴天露水未干时或雨天采收，容易造成香蕉果梳从梳柄处感染病菌，引起梳柄与果柄在运输途中腐烂。采收前 7～10 天蕉园应严禁灌水，同时蕉园畦、沟内的积水也应排干，以提高香蕉果实在贮运中的耐藏性。

### (二)无伤采收

采收香蕉通常需要两个人合作进行。在采收香蕉时，最好是两人一组，一人首先用刀将假茎斜割1刀放倒植株，另一人则接住果穗，然后再砍断果轴。收获的果穗应放在砍前平铺于地上的蕉叶或地毯或海绵垫上，不能让果穗直接接触地面，尽量避免擦伤或机械损伤，以降低贮运过程中的腐烂率。也可由一人先用砍刀在香蕉假茎离地面约1米高处斜砍1刀，放倒蕉株，在此同时，另一人肩披软垫，及时托住缓慢倒下的果穗，拿刀者再砍断果轴(约留存25厘米长的果轴，以便于绑扎、抓拿)，托蕉人将果穗直接托出到果园旁边事先铺有垫床或软垫物的车上。最好将整穗香蕉垂直挂于车上的吊钩上，尽量避免压伤，运至包装加工场进行下一步处理。无伤香蕉催熟后外观相当漂亮，售价往往可提高20%以上。

### (三)无伤运送

无伤采收和运送是生产高品质香蕉最重要的技术措施之一。在采运过程中，应避免割、擦、撞、压伤等，做到“不着陆”或“软着陆”。一般在采前1天打开套袋，用报纸作为缓冲物垫于果把之间，砍蕉时两人合作，一人砍蕉一人接蕉，轻轻地把蕉斜靠在垫有海绵的特制手推车上运回包装场，在包装场连车一起过磅(磅后再扣除皮重)，尽量减少中间搬动操作环节，尽可能避免机械伤。

有条件的大型蕉园，最好在蕉园架设索道，用吊索将采下的香蕉吊挂在索道上，然后将香蕉通过索道无伤运出果园，运到集贸市场或采后加工场处理。在采收运输的整个过程中不让蕉果着地，这样，既可减轻劳动强度，又可实现无伤运送，从而大大提高香蕉的卖相和耐藏性。在国外一些香蕉主产地如菲律宾、中南美洲等，多数采用索道运蕉。目前，我国福建、广东、海南、广西等省、自治区已有不少大型蕉园架设索道进行无伤运送和商品化处理，并将香蕉运往国外，每千克香蕉售价提高 0.3～0.4 元以上，取得了良好的经济效益。

福建漳州万桂农业发展有限公司是我国较早建设香蕉空中采运索道，实施香蕉无创伤机械化采运的公司。建成的铁索道由拱架、轨道和滑车 3 部分组成。拱架用 Φ50 镀锌管弯制成倒“U”字形，拱架上端用角铁焊制成 1 个倒“T”字形架，并焊在拱架上端和一侧。在倒“U”字形架的两边着地处各焊上 1 块钢板，钢板上各钻 2 个 Φ20 圆孔。安装时，用砖块将钢板垫高，使拱架上端的“T”字形架达到设定高度（离地面约 2.1 米），并与其他拱架的“T”字形架同在一个水平线上。然后在 Φ20 圆孔上打入钢钎，以固定拱架。轨道由空心方钢组成，铺在倒“T”字形架的一侧（位置正好在拱架的中央）。方钢上再铺设 1 条 Φ20 镀锌管，作为滑车滑行的轨道。轨道应尽量校正为水平铺设，且镀锌管的连接处应平滑过渡。滑车由 2 个滑轮用两块钢板平行连接（图 5-2），轴距 11 厘米，可在方钢上端的镀锌管轨道上自由滑行。

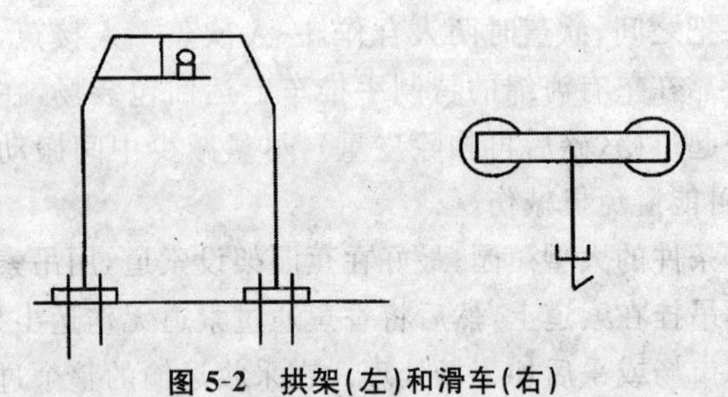

**图 5-2 拱架（左）和滑车（右）**

从连接两滑轮的钢板中间套接出 1 条铁钩，绑在香蕉果穗轴上的尼龙绳就挂在铁钩上。为防止香蕉果穗之间的碰撞，滑车之间用 1 条 79 厘米长的 Φ10 钢条连接，挂接在铁钩上的倒“U”字形架上，以使索道上的香蕉果穗之间保持88厘米的距离。采收香蕉时，一人将香蕉果穗扛在垫有海绵垫的肩背上，由另一人将果轴割断，接扛香蕉的工人便直接将香蕉果穗扛到索道旁。这时再由工人用尼龙绳打个活套将香蕉果穗轴套上并绑紧，然后挂在滑车的铁钩上，每隔88厘米吊一串果穗，待索道上挂完一定数量的果穗后，再由工人沿着索道牵拉果穗到采后商品化处理生产线。在整个采运过程中，香蕉不着地，避免了碰伤、压伤等机械创伤，从而提高了香蕉的商品价值。

## 四、去残存花器

香蕉即使达到八九成熟，其蕉指顶部仍然残留着黑色的花器。将香蕉无伤运到处理场后，应将香蕉垂直悬挂，双手戴上手套细致地将所有残存花器去除，以免影响香蕉外观质量。

## 五、去轴落梳

香蕉轴约占整穗蕉果的9%～12%，果轴组织疏松，含水量大，并含有糖等营养物质，采收时又留下了伤口，这些都给致病微生物的入侵打开了方便之门。尤其是冠腐病，病菌从伤口处侵入，蔓延到小果柄甚至到达果指，导致果实腐烂。因此，采后有必要去轴落梳。去轴落梳后，还可在贮运中节省包装、劳力和费用。

去轴落梳的具体做法是：将整穗条蕉吊起或竖起，用特制的半弧形的落梳刀，在蕉梳与蕉轴的连接处切下，用手拿住蕉梳，直接放入清洗液中，切忌随手乱扔。

在实际的生产运作中，也有对整穗条蕉不进行去轴落梳的。采收后，以整穗香蕉进行贮运，直至催熟后才分梳，而且是带轴分梳，分梳后仍带有一段蕉轴，而在催熟后销售前才切分，这样切口新鲜、美观，而且增加可销售部分的重量，但以整轴蕉贮运，容易造成机械损伤，特别是运输时一般是卧放，易互相挤压，在青蕉时挤压症状不明显，但成熟时蕉果表面便变成了花面，极易招致微生物的侵害，随之而来的是严重的腐烂。因此，整轴蕉贮运只适用于在短距离、短时间贮运时采用。在贮运时，若将果穗竖立，相互靠放，或采取吊装的方法，更有利于避免机械损伤。

## 六、清洗修整

新切下的香蕉，从伤口处不断地流出有黏性的汁液，到处流淌，通常在汁液中还带有病菌，干后难以清除，不仅使果实表面不美观，而且还会传播病菌而导致腐烂。因此，在香蕉采后应及时将它清除掉。将落梳的香蕉浸入含0.6%～1%的明矾或漂白粉的水池漂洗，洗去伤口流出的汁液以及果面上的尘埃，同时去除残果，剔除伤果、残次果，修平落梳伤口，淘汰不合格的果梳之后，再转入清水中复洗，除净残存的清洗剂，捞起沥干，这样可起到清洁果品和提高商品质量的作用。

## 七、挑选分级

挑选分级是保证香蕉产品品质的质量控制过程，可帮助栽培者和销售商使产品更符合市场的要求，获取优质优价，提高经济效益。

采收的香蕉难免有一些不合规格的蕉果。对有病虫的、机械伤的、过长或过短的、饱满度不适当的香蕉在包装前都要剔除，并按货主的要求进行整理、分级。分级的目的主要是达到商品标准化，按国家内销或外销所规定的标准进行。分级标准，有按大小、重量、饱满度以及机械伤程度等标准来分的，但是，一般都是综合各方面的标准进行分级，分级后的商品整齐划一，不但有利于包装，还可按质定价，优质优价。目前，对香蕉的分级方法以人工为主。要挑选饱满度一致、大小相近、梳形相似的果实包装在一起。1箱中放4～5梳的为一级标准，梳数越多级别越低。通常是挑选、分级、清洗几个步骤一并进行，这样操作起来方便、合理。为保证果实净重达到规格要求，对粗分级后的香蕉还应分别按4、5、6梳为一箱的规格进行过秤分级。

香蕉的质量标准有多种，包括国际标准、国家标准、企业标准、行业标准等。总的来说，香蕉的质量标准是从以下5个方面制定：果实允许的缺陷、最小果指长度、最小和最大的级别、果梳的大小、排列及净重。我国制定的梳蕉（果段）规格质量如表5-1所示。每一等级的果实必须符合该等级标准。其中有任何一项不符合规定的，降为下等级，不合格的为等外品。被挑出不能做鲜果用的残次蕉果，可以用于制作深加工产品，以减少浪费，提高经济效益。

**表5-1　梳蕉规格质量标准**　（引自GB9827—88）

| 等级指标 | 优等品 | 一等品 | 合格品 |
| --- | --- | --- | --- |
| 特征色泽 | 香蕉须具有同一类品种的特征，果实新鲜，形状完整，皮色青绿，有光泽，清洁 | 香蕉须具有同一类品种的特征，果实新鲜，形状完整，皮色青绿，有光泽，清洁 | 香蕉须具有同一类品种的特征，果实新鲜，形状完整，皮色青绿，清洁 |
| 成熟度 | 成熟适当，饱满度为75%～80% | 成熟适当，饱满度为75%～80% | 成熟适当，饱满度为75%～80% |

续表 5-1

| 等级指标 | 优等品 | 一等品 | 合格品 |
| --- | --- | --- | --- |
| 每千克只数 | 梳型完整,每千克不得超过 8 只。果实长度 22cm 以上。每批中不合格者,以梳数计算,不得超过总梳数的 5% | 梳型完整,每千克不得超过 11 只。果实长度 19cm 以上。每批中不合格者,以梳数计算,不得超过总梳数的 10% | 梳型完整,每千克不得超过 14 只。果实长度 16cm 以上。每批中不合格者,以梳数计算,不得超过总梳数的 10% |
| 伤病害 | 不得有腐烂、裂果、断果。允许有压伤、擦伤、折柄、日灼、疤痕、黑星病及其他病虫害所引起的轻度损害 | 不得有腐烂、裂果、断果。允许有压伤、擦伤、折柄、日灼、疤痕、黑星病及其他病虫害所引起的一般损害 | 不得有腐烂、裂果、断果。允许有压伤、擦伤、折柄、日灼、疤痕、黑星病及其他病虫害所引起的重损害 |
| 果　轴 | 去轴,切口光滑。果柄不得软弱或折损 | 去轴,切口光滑。果柄不得软弱或折损 | 去轴,切口光滑。果柄不得软弱或折损 |

## 八、防腐保鲜

香蕉的防腐保鲜一般用药物进行处理,其目的是为了杀菌防腐。除此之外,也可以对蕉果的生命活动起抑制作用。所用的药物一般有两种类型:一是专门抑杀致病微生物的称为杀菌剂或防腐剂;二是能延缓或抑制蕉果衰老的药物,称为保鲜剂,能起这种作用的多数为植物激素类物质。由于性质不同,它们的作用也不同。香蕉主要的病害炭疽病、冠腐病等病菌多潜伏在果实上,采后果实一旦成熟、衰老,病菌吸取蕉果的营养,发病、蔓延很快。因此,采后要尽快进行药物处理。

国内外处理香蕉的杀菌剂有特克多、扑海因、苯莱特、戴挫霉、多菌灵和托布津，以 500～1 000 毫克/千克特克多和 500～1 000 毫克/千克扑海因混合使用效果较好。将整理好的梳蕉浸泡或喷洒防腐剂 0.5～1 分钟，稍晾干用大马力风扇稍风干后进行包装贮运，可有效减少果实病害。经防腐处理后，再用华南农业大学研制的“芳托”系列保鲜剂浸泡或喷洒果蒂，能防止蕉柄脱落。

## 九、包　装

为提高香蕉的商品价值和市场竞争能力，除了保证香蕉质量优良外，还要有良好的包装。目前，我国香蕉在国际市场的竞争处于劣势，其中一个重要原因就是包装落后。我国香蕉多半还采用竹箩包装，非常粗糙，不但影响美观，而且香蕉容易受到机械损伤，将大大降低香蕉的档次。今后，随着人民生活水平的提高，对商品的包装要求必然越来越讲究。因此，重视和改善香蕉的包装势在必行。

香蕉的包装最好使用具有天地盖的瓦楞纸箱，装蕉时内衬塑料薄膜袋。这种纸箱柔韧且有弹性，保护性能好，容易达到尺寸标准化、规格化，便于搬运、堆叠和机械化操作，也有利于商品印刷标志和装潢。国外香蕉全部采用此种纸箱包装。我国香蕉包装目前也正逐步以纸箱取代竹箩。从资源再生利用和减少废弃物及城市垃圾着眼，纸箱包装更具优越性。但要注意，纸箱的抗压强度是随纸箱的形状而异，周边越长（纵长与横长之和），强度愈弱；在周边等长的条件下，纵长与横长之比为 5∶3 左右时强度最大。此外，纸箱抗压强度还与通风孔和手孔的位置、大小有关。在设计和使用香蕉包装时，一定要考虑到这些因素。选用的瓦楞纸箱强度必须较坚硬与耐压。国外标准的香蕉包装纸箱规格为宽 30 厘米×长 53 厘米×高 23 厘米，每箱装 4～6 梳（12～13 千克）。它由顶部、底部、加固衬里及隔层 4 个部分构成。整个纸箱约需 2 平方米的厚纸板。

包装内香蕉的重量，纸箱包装国内一般每箱装 13 千克，运往日本或中东地区的香蕉一般每箱装 12 千克。也有按箱内香蕉的梳数来计算的，如每箱 4 梳（一级蕉）、5 梳或 6 梳蕉。梳数的多少也可以作为区分其等级规格的依据。包装好后，要在包装上注明重量或梳数、日期、产地。

目前，我国香蕉的包装基本上是用人工包装，把经药物处理过而且已沥干的香蕉一梳梳地紧密有序地装好。装箱时，先在纸箱内部套好聚乙烯薄膜袋，蕉指对蕉指，蕉头靠箱边朝下，果弓背朝上，蕉指紧密排齐，梳蕉与梳蕉之间加垫泡沫塑料纸（海绵纸），将每梳香蕉隔开，以避免香蕉之间碰伤、压伤和擦伤。再将聚乙烯薄膜袋口扎紧，能起到自发性气调的作用。最好是一边收拢袋口，一边抽气（可使用吸尘器）扎紧袋口，可起到简易真空包装的效果。如果拟进行长途贮运或高温运输，包装时则须在塑料袋封口前放入乙烯吸收剂与二氧化碳吸收剂（用纱布或微孔薄膜袋进行小包装），将其置于包装蕉果的聚乙烯袋内，切忌吸收剂与香蕉接触。在香蕉与吸收剂之间，垫上厚纸或泡沫塑料纸。

常用的乙烯吸收剂为高锰酸钾，每 12～15 千克香蕉用含高锰酸钾 4～5 克的乙烯吸收剂。为防止高锰酸钾灼伤香蕉，先将高锰酸钾溶于热水并使之成饱和溶液，然后将碎成小粒状的新鲜砖粒或蛭石倒入饱和溶液中，待小砖粒或蛭石无气泡排出时，将其捞出晒干或烘干而成为有载体的吸收剂。使用这样的载体吸收剂比较安全。

# 十、预　冷

预冷是指将采后的香蕉果实尽快冷却到适宜贮运的温度范围内，以除去产品田间热的一种措施。预冷是保证香蕉贮运质量的重要前提，因为适当的低温可以抑制果实的生命活动。如抑制呼吸、蒸腾作用和乙烯的产生，也可以抑制致病微生物的活动。因此，为了保证香蕉贮运质量，采后应在产地尽快进行预冷。尤其是在6～9月份高温季节，要将包装后的香蕉及时进行预冷，尽快降低果温，以防止运输、贮藏期间果实因长时间处于高温而过早黄熟。

预冷果蔬的方法通常有强制冷风预冷、冷库预冷、水冷法、冰冷法、真空预冷等多种。适合于香蕉使用的主要是强制冷风预冷和冷库预冷。

强制冷风预冷是将香蕉产品放在预冷室内，利用制冷机制造冷气，通过鼓风机使冷空气经过包装容器的气孔，使冷空气流经产品表面，将产品热量带走，从而达到降温的目的。具体操作是在预冷库中设置冷墙，在墙上开启通风孔，把盛有产品的容器堆码在通风孔两侧或通风孔旁，除容器的气孔以外，要将其他一切气体通道堵严，然后用鼓风机将冷墙中的冷空气吹进预冷库内，这时便会在容器两侧形成压力差。所用的容器必须有大于边板4%的通风孔，并要保持预冷室内有较高的相对湿度。强制通风预冷成本较低，使用方便，冷却效率较高。

冷库预冷是将香蕉产品放在冷库中降温的一种冷却方式。预冷期间，库内要保证足够的湿度，垛之间、包装容器之间都应该留有适当的空隙，以保证气流通过；否则，预冷效果不佳。冷库冷却降温速度较慢，但其操作简单，成本低廉。冷库预冷的温度一般控制在12℃～15℃。

对于小规模生产的香蕉，也可在产地采用水冷法进行预冷，即将果实直接放入水中，把田间带来的高温降低。因要带走高温，须用流动的水，最好用加冰的低温冷水浸泡或喷淋，效果更好。必须注意，若用冰水，加冰量要控制得当，水温切勿低于11℃，以免对香蕉造成冷害。采用此法预冷，须在包装前进行。

## 十一、贮　藏

贮藏是延长香蕉果实采后寿命的关键环节，贮藏时间的长短直接影响到供应期和效益。香蕉只要栽培技术运用得当，全年都有收成。因此，香蕉贮藏期不必要求时间很长。贮藏的方法有以下3种。

### (一)低温冷藏

经过预冷后的香蕉可进行冷藏。冷藏能降低香蕉呼吸强度，推迟呼吸跃变期，减少乙烯生成量，延缓后熟过程。但香蕉对低温十分敏感，多数品种在11℃以下易遭受冷害，冷藏贮藏温度以12℃～14℃(短期贮藏可用11℃)、湿度以85％～95％为宜，并注意通风换气，以排除自身产生的乙烯，防止自然催熟。

冷库管理的好坏对果实的贮藏寿命影响很大。首先要搞好库房温度的控制，在香蕉入库前必须提前将库温降至香蕉的贮藏适温。为使香蕉以后降温均匀和温度恒定，在堆码上有一定的要求：一般码成长方形的堆，堆与堆之间距离0.5～1米；堆高不能超过风道通风口，与冷库壁和库顶相距0.3～0.5米，特别是库顶，多留空间对冷空气的流通很有必要。通常，冷库地面要铺垫0.1～0.15米高的地台板，库内中间走道应有 1.5～1.8 米的宽度，以方便于搬运与堆叠。

另外，要搞好冷库的气体管理。香蕉是有呼吸高峰的果实，采收后受到极少量的乙烯刺激也会导致成熟。因此，冷库内的空气一定要保持新鲜和没有乙烯残留。冷库须有换气(通风)装置，定时排换库内气体，引入新鲜空气；换气次数和时间视贮量多少、时间长短而定，尽量在温度较低的早晨或晚间进行。贮存过香蕉的库房，在香蕉出库后，库房必须进行彻底的空气更换，以免残留乙烯，而影响下一批香蕉的贮藏。

**(二)气调贮藏**

气调贮藏是国际上比较先进的一种果蔬贮藏方法，其主要原理就是通过改变贮藏环境的气体成分来达到延长果蔬贮藏期的目的。气调贮藏一般要与低温贮藏、药物处理等措施相配合，其效果较单独的低温贮藏好。根据气调贮藏的方式，可以分为控制气调贮藏(CA 贮藏)和自发气调贮藏(MA 贮藏)两种。

应用气调贮藏对香蕉果实的贮藏、运输和后熟具有明显的作用。拉丁美洲国家商业上运输香蕉时，主要采用气调集装箱，或者是采用装有冷藏保存设备并可控制氧气和二氧化碳浓度水平的冷藏船，此为控制气体贮藏。

在香蕉的国际贸易中，通常也采用聚乙烯塑料薄膜袋包装进行自发性气调贮藏：香蕉经防腐剂处理并稍风干后，装入 0.03～0.04 毫米厚的聚乙烯薄膜袋中，同时加入乙烯吸收剂并密封包装。乙烯吸收剂可采用高锰酸钾浸泡碎砖块、珍珠岩、沸石或活性炭等多孔性物质制成，用量为每 12～15 千克香蕉用高锰酸钾 4～5 克。另外，可同时在袋内加入占香蕉果重 0.8%的熟石灰来吸收过量的二氧化碳，以免造成二氧化碳毒害。采用自发气调贮藏，在 30℃下香蕉可贮存 2 周而不致黄熟；在20℃下存放6周以上；在12℃～13℃下冷藏，保鲜效果更佳，贮藏期会更长。

**(三)常温贮藏**

香蕉每年的产量很大，其要求的贮藏适温为11℃～14℃，与产地冬季的平均温度很接近。因此，在秋末冬初时一般都采用常温贮藏。常温贮藏也要注意温度的影响，冬季的低温或夏季的高温，会造成香蕉冷害或青皮熟。我国香蕉产地冬季的温度不会太低，在做好简单防寒措施的情况下，通常利用冬季常温贮藏的香蕉，贮期可达2～3个月。这时正是香蕉生产的淡季，把秋末的香蕉贮藏一部分，在淡季供应不但调节了市场，还能提高经济价值。在高温的夏季，不但温度过高容易引起香蕉的青皮熟，而且正值生产的旺季，没有必要做较长期的贮藏。假如需要，在包装内放入适量的乙烯吸收剂，存放在室内较阴凉处，一般也可贮藏15～20天。

## 十二、运　输

香蕉一年四季均可生产，做长期贮藏的只占少数，一般在做好采后处理后，即运销各地。因此，香蕉运输比贮藏所占的比例更大。香蕉运输实际上是动态的贮藏，在运输过程中不断地受到外界因素的影响，其所要求的条件不但应与贮藏条件相当，而且还要考虑其他一些因素。

**(一)香蕉运输的基本要求**

**1. 香蕉运输周围环境应与贮藏条件基本相同**　即在运输过程中，周围环境的温度、湿度和气体成分应与贮藏的条件相同或相近。

**2. 轻装轻卸、快装快运**　香蕉极易受机械损伤，在运输装卸的过程中稍微挤压、碰撞，就会因发生破损而导致腐烂或催熟后容易出现酶褐变。因此,运送香蕉一定要轻装轻卸,尽量减少机械损伤。另外,无论是采后直接运输还是经贮藏后的运输,都应该快装快运,尽量缩短运输的时间,以减少腐烂、变质。

**3. 防冻防热** 香蕉既怕冷又怕热。我国地域宽广,在同一时间内,不同的地方温度不相同,甚至相差很大。在10月份后,北运香蕉,极易对香蕉造成冷害,必须要有防寒措施。在7~8月份,武汉一带乃至长江流域常出现高温,最好用冷藏车、机械冷藏列车北运香蕉。

**(二)运输的方式**

**1. 常温运输** 我国具有制冷能力的(冷藏车、船等)流通设备尚不能满足运输的要求。香蕉是周年生产,在温度适合的时候完全可以采用常温运输,甚至在温度不适宜的夏、冬季,通过采取一些简单的保温设施,同样可采用普通车运输。特别是汽车,仍是目前主要的运输工具。在低温的冬季,运输时用棉被、稻草等保温材料铺设在车厢的周围和底部,中间堆叠香蕉后,顶部再盖上同样的保温物,保温层的厚度视低温的程度和运输的距离确定。夏季运输,车厢内切勿堆叠过高,顶部应留有一定的空隙,相对应的车厢前后不能封死,让空气能在开车时迅速流通,带走香蕉的热量;也可用冰尽量降低车厢内香蕉的温度。但必须注意,无论是加冰的汽车或用棚车,在冰块融化时都会流出水来,要预先有引水外流、抬垫纸箱并用塑料薄膜覆盖蕉箱等措施,以提高香蕉运输的安全性。

**2. 低温运输** 即利用有制冷能力的冷藏车(包括机械列车、冷藏汽车)、船或冷藏集装箱进行运输的方式。先将车厢温度调节在12℃~15℃,再装入经过预冷后的香蕉。运输途中注意保持温度的稳定,切忌温度波动。

目前，世界上最先进的香蕉流通方式是冷链式的流通。这种流通方式，不单指用冷藏车、船做运输工具，而是包括从采收后到消费的整个过程，都保持在适宜的低温范围内，即产地有冷库，运输有冷藏车、船或保温车、船，批发部门有冷库，零售店有冷柜，家庭有冰箱。整个系统中的任何一个环节都必须实行低温管理，这样才能真正保证香蕉的质量。

## 十三、催 熟

香蕉属后熟型水果，在树上或采后放置可自然成熟，但后熟所需时间长，且成熟时间不一致。因此，香蕉采收后需要进行人工催熟。

### (一)香蕉催熟的条件

用于催熟的香蕉必须具备以下条件才能正常催熟：①香蕉果实的果皮细胞必须是活的；②果实在采收前后未遭受10℃以下的低温危害；③贮运期间或途中未遭受过浓度在10％以上的二氧化碳的毒害。

### (二)影响香蕉催熟的因素

香蕉的人工催熟与催熟剂的浓度、催熟时的温度与湿度、香蕉的饱满度等因素有关。

**1. 催熟剂的浓度** 常用的催熟剂有乙烯(气体)、乙烯利、棒香等，也有的用酒精、乙炔(电石)等。目前，用乙烯利催熟较为普遍，乙烯利浓度为0.01％～0.1％。催熟剂的浓度高，则香蕉后熟快，但果肉易软化，果皮易断，货架期短。催熟剂的用量(浓度)越多，香蕉成熟越快。生产者或销售者可以根据市场需要，同时参考当时香蕉的成熟度和催熟温度选择适宜的浓度。

**2. 催熟温度** 催熟时温度的高低，直接影响香蕉成熟的时间、香蕉的颜色以及香蕉销售时的货架寿命。14℃～38℃均可催熟香蕉。但温度太低(低于 15℃)时后熟缓慢。如正常催熟温度(18℃～22℃)下 4 天可催熟,15℃以下则需 10～14 天才能催熟,且果皮色泽暗淡发灰。相反,催熟温度太高时,香蕉后熟过快,催熟的香蕉果皮颜色不鲜艳,且货架寿命短。当催熟温度高于 28℃时,果皮不转黄,会出现“青皮熟”现象。

生产实践表明,香蕉催熟的最适宜温度为 20℃～22℃,在此温度下,香蕉果皮上的叶绿素完全被破坏,后熟后果皮呈金黄色,果肉结实。生产上,可根据市场的实际需求,控制好催熟剂的用量和催熟时的温度,完全可以调节香蕉成熟上市的时间。

**3. 催熟湿度** 高湿对香蕉催熟有利,湿度太低香蕉难以催熟。催熟香蕉的空气相对湿度最好是前期高、后期低。催熟的前中期(前 4 天刚转色时),以 90%～95%的空气相对湿度为宜,高湿环境下果皮色泽鲜艳诱人,但后期(后 2 天转色后)湿度宜低一些,以 80%～85%为宜。

**4. 氧气和二氧化碳的浓度** 在香蕉催熟过程中,呼吸强度很大,尤其是呼吸高峰期需要大量的氧气,并放出大量二氧化碳。氧气不足或二氧化碳浓度过高,会抑制、延迟香蕉的后熟;严重缺氧或二氧化碳浓度过高中毒时,香蕉会产生异味。因此,大量催熟香蕉时,在催熟过程的后期必须通风换气,供给足够的氧;否则,香蕉不能正常成熟。国外先进的催熟房同时装有抽气机及乙烯气体进气机,恒定供给乙烯和氧气,并抽出催熟房内的二氧化碳。

**5. 香蕉的饱满度** 香蕉饱满度越低,需要使用的催熟剂浓度越高,催熟的时间越长,而品质越差;饱满度越高,对催熟处理越敏感，后熟时间越短。但饱满度过高（>90%），果实后熟时果皮易爆裂，催熟后货架寿命较短。因此，香蕉的饱满度以75%～85%为宜。

**（三）香蕉催熟方法**

**1. 乙烯利催熟法** 乙烯利是一种人工合成的植物激素，市售品为棕色液体。乙烯利在pH高于4.1时分解放出乙烯气体。由于植物细胞pH一般都高于4.1，因此，当乙烯利的水溶液进入植物细胞组织后，即被分离，释放出乙烯气体，促进果实成熟。

使用时，先将乙烯利加水稀释成一定浓度后喷淋或浸果即能催熟。使用浓度一般是250～500毫升/升。所用浓度，视香蕉饱满度大小和催熟温度的高低而定。饱满度大、温度高，所用浓度可小；反之，乙烯利浓度可大些。香蕉数量少时，可以直接放入乙烯利溶液里浸泡1分钟，沥去药液，装入塑料袋里放在适宜的室温下催熟；数量多时，可用喷淋的方法进行处理，最后用塑料布覆盖香蕉，使其产生乙烯，起到催熟作用，1～2天把塑料布揭除，3～4天即可黄熟。此外，也可将吸水力较强的再生纸放在乙烯利溶液中浸透后，放在整箱蕉果上面进行催熟。

此法使用方便，无须特别的设备，而且香蕉经喷、浸之后，增加了湿度，有利于催熟。

**2. 乙烯催熟法** 乙烯是一种无色、有微甜气味的气体。直接用乙烯气体进行催熟非常方便，乙烯气体的用量是150～300微升/升。把乙烯通入催熟房间，密封24小时后，打开门窗进行通风换气20～30分钟，提供氧气以利于香蕉内源乙烯的形成，促进成熟；同时，也可防止因呼吸高峰的到来，二氧化碳积累过多而造成中毒。这种催熟方法要求催熟房具有较好的密封性能。若没有专门的催熟房，可用大的塑料薄膜袋或塑料薄膜帐密封代替。在国外，有采用专门的乙烯气瓶经过减压阀，通入催熟房对香蕉进行催熟。

**3. 熏香催熟法** 这是民间常用的催熟方法。选用普通的棒香，点燃后插置在催熟室中或直接插在蕉头上，关闭门窗10～24小时后，再打开门窗通气，几天后果实自然成熟。此法是利用燃烧的棒香所产生的乙烯气体催熟香蕉，简单易行。棒香的用量视蕉果的数量及催熟温度的高低而定。例如，容量为2 500千克的催熟室，催熟温度约为30℃时，用棒香10支，密闭10小时；温度在25℃左右时，用棒香15支，密闭20小时；温度降到20℃时，用棒香20支，密闭24小时后才能打开通气。

**4. 混果催熟法** 将青香蕉同成熟的苹果、梨、熟香蕉混放在一起，利用其释放出来的乙烯也可将青香蕉催熟。

无论用哪一种方法，要获得颜色鲜黄、优质高档的香蕉，都必须控制好催熟房的温度和湿度，最好使用能控制温度的冷库。为了适当延长香蕉的货架期，可采用先高温后低温的方式催熟。据台湾香蕉研究所试验，采用7天催熟香蕉(20℃—15℃—15℃—15℃—15℃—15℃—15℃)比4天催熟(20℃—20℃—18℃—18℃)的货架期可延长2天。

香蕉催熟效果良好时，应该是果肉香甜，果皮颜色鲜艳、呈金黄色，整梳蕉成熟一致，出催熟房时果柄及果尖绿色。但有时出现一些不良的催熟效果，其原因有多方面(表5-1)。催熟香蕉时，应尽量避免或克服引起催熟不良的因素，力求达到良好的催熟效果，以提高香蕉的卖相，获取较高的经济效益。

**表 5-1 香蕉催熟效果不良的原因**

| 现 象 | 催熟效果不良的原因 |
| --- | --- |
| 色泽不佳 | ①采收时田间温度较低,已发生冷害(冬蕉);②催熟温度太高或太低;③相对湿度太低 |
| 果肉软化 | ①在装运过程中温度过高,催熟前果肉已软化;②催熟温度太高,通风不良 |
| 不均匀成熟 | ①催熟房温度不均匀;②香蕉饱满度不一致;③长时间低温贮藏,未进行升温处理就催熟 |
| 成熟太慢 | ①采收饱满度过低;②催熟房温度和相对湿度太低;③催熟房气密性不良,乙烯或乙烯利浓度太低;④催熟房氧气含量太低或二氧化碳含量太高 |
| 腐烂严重 | ①机械损伤严重,病原微生物从伤口入侵;②防腐处理不及时或处理方法不当;③催熟房没有进行消毒 |

## 十四、出库销售

香蕉催熟 3～4 天后,果身 1/3～1/2 已转黄,但果柄和果尖仍为浅绿时即可出库销售。香蕉转色后,若适当降低货架温度(保持在 15℃左右)和环境的相对湿度(保持在 80%～85%),能延长香蕉的货架期 3～5 天。

# 第六章　香蕉深加工技术

进行香蕉深加工是有效延长香蕉保存期和供应期的重要方法，也是提高香蕉附加值的重要途径。因此，开展香蕉的深加工对促进香蕉产业的发展，带动蕉农增收致富有十分重要的作用。

香蕉果肉营养丰富，香味浓，口感好，适于生产果汁、果酒、果粉等深加工产品。同时，香蕉果皮量大（一般占果重的35％～40％），又富含果胶物质，非常适宜于提取果胶。

以下分别介绍香蕉汁、香蕉酒、香蕉粉、香蕉酱、果胶的深加工技术。

## 一、香蕉汁的加工

### （一）香蕉汁加工的基本原理

香蕉汁属果汁类食品。果汁是指将新鲜水果经清洗、破碎、榨汁或浸提等方法制成汁液，经密封杀菌而得以长期保藏的制品。香蕉汁是香蕉果实中最有营养价值的部分，既能基本保持果实的风味，又具有易被人体吸收的特点。它既可直接饮用，又可作为制作汽水、冷饮等食品的原料。

可是，香蕉果肉含有0.5％～0.7％的果胶物质，用常规方法生产香蕉汁过于黏稠，澄清度与出汁率均很低。因此，如何提高澄清度与出汁率，就成为香蕉汁商品生产中必须解决的问题。

经试验，用果胶酶酶解香蕉浆汁，不仅能够提高出汁率，而且还能水解果汁中引起浑浊的果胶物质，使果汁清澈、透亮,从而大大提高其澄清度。现以酶解法为例,介绍澄清型香蕉汁的加工工艺。

### (二)香蕉汁加工的工艺流程

香蕉汁加工的工艺流程如图 6-1 所示。

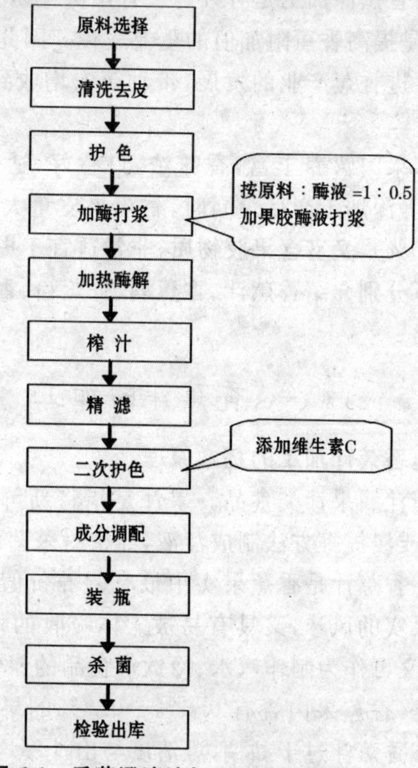


图 6-1 香蕉澄清汁加工工艺流程图

### (三)香蕉汁加工的工艺要点

**1. 原料选择** 大蕉和粉蕉的出汁率一般较香牙蕉低 15% ～20%,因此宜选用香牙蕉作为制汁原料。另外,香蕉成熟度越高，出汁率越高，故应选用果实饱满、充分黄熟（成熟度在9成以上）、有浓厚甜味和芳香味的香牙蕉为制汁原料，并应注意剔除腐烂、过生的香蕉。也可选取香蕉其他制品加工后剩余的次蕉果或外表遭受病虫危害、但果肉完好的香蕉做原料。

**2. 清洗、去皮** 用清水冲洗香蕉，把蕉果外表的污秽物清除，以免去皮时污染果肉。清洗后，用手剥去香蕉皮，并剔除果身上的丝络。

**3. 护色** 香蕉去皮后容易发生酶褐变，应立即浸入0.1%～0.3%柠檬酸溶液中，以保持香蕉颜色不变。

**4. 加酶液打浆** 按香蕉果肉∶酶液＝1∶0.5的比例，添加0.04%果胶酶液，将香蕉打成浆液。为了抑制浆液的酶褐变，也可在打浆前于酶液中加入0.2%～0.3%柠檬酸进行护色。

**5. 加热酶解** 将香蕉浆倒于塑料或玻璃容器中，置于45℃～50℃下水浴锅加热酶解1.5～2小时，水解香蕉浆中的果胶物质，有利于渣汁分离和汁液澄清度的提高。

**6. 榨汁、精滤** 可采用水压机、辊压机、离心式榨汁机等机械进行榨汁。为了得到澄清透明且稳定的果汁，必须将汁液进行精滤，其目的在于除去细小的悬浮物质。常用的精滤设备主要有硅藻土过滤机、纤维过滤器、真空过滤器、离心分离机及膜分离等。

**7. 二次护色** 由于香蕉汁中含有大量的单宁和多酚氧化酶，在香蕉汁保存过程中极易发生酶褐变，将严重影响香蕉汁的外观品质。因此，在榨汁、精滤后还应添加约0.05%的抗坏血酸（维生素C）进行护色，以获得澄清、透亮、金黄色的香蕉汁。

**8. 成分调配** 为改进香蕉汁的风味，可添加少量白糖或柠檬酸，将香蕉汁的糖度（可溶性固形物含量）调整为14度～15度Brix（白利），有机酸的含量调整为0.6%～0.8%。调配时用折光仪或白利糖表测定，并计算果汁的含糖量；然后按下列公式计算出补加浓糖液的重量和补加柠檬酸的数量。

$$X=\frac{W(B-C)}{D-B}$$

式中，X为需加入的浓糖液（酸液）的量（千克），D为浓糖液（酸液）的浓度（%），W为调整前原果汁的重量（千克），C为调整前原果汁的含糖（酸）量（%），B为要求调整后的含糖（酸）量（%）。

调整糖酸时，先按要求用少量水或果汁使糖或酸溶解，配成浓溶液并过滤；然后再加入果汁并放入夹层锅内，充分搅拌，调和均匀后，测定其含糖量。如不符合产品规格，可再适当调整。

**9. 装瓶** 为缩短杀菌时间，常在装瓶前先进行加热预煮至80℃左右，然后趁热装瓶，加盖密封。

**10. 杀菌** 杀菌的目的一是消灭微生物，防止发酵；二是钝化各种酶类，避免各种不良的变化。果蔬汁杀菌的微生物对象为酵母和真菌，酵母在66℃下1分钟、真菌在80℃下20分钟即可杀灭。所以，可以采用一般的巴氏杀菌法杀菌，即85℃～90℃杀菌20分钟左右，然后放入冷水中冷却，即可达到杀菌的目的。但由于加热时间太长，果汁的香味有一定的损失，容易产生煮熟味。因此，最好利用瞬时杀菌器进行高温瞬时杀菌，即采用120℃以上的温度保持5～10秒钟杀菌，同时完成预煮和杀菌。

**(四)产品质量标准**

**1. 感官指标** ①色泽:淡黄色或金黄色;②香气及滋味:酸甜适中,具有香蕉独特的风味和香味;③澄清度:澄清、透明,无沉淀现象;④杂质:无肉眼可见的外来杂质。

**2. 理化指标** ①可溶性固形物含量:14 度~15 度 Brix(白利);②总酸(以柠檬酸计)含量:0.6%~0.8%。

**3. 微生物指标** ①细菌总数≤100 个/毫升;②大肠菌群<6 个/100 毫升;③致病菌:不得检出。

## 二、香蕉酒的加工

**(一)果酒酿造原理**

果酒酿造是利用酵母菌将果汁或果浆中可发酵性糖类经酒精发酵作用变成酒精,再在陈酿澄清过程中经酯化、氧化、沉淀等作用,制成酒液清晰、色泽鲜美、醇和芳香的果酒的过程。

酒精发酵是酵母菌在无氧状态下将葡萄糖分解成乙醇、二氧化碳和少量甘油、高级醛醇类物质,并同时产生乙醛、丙酮酸等中间产物的过程。在此过程中,形成了果酒的主要成分乙醇及一些芳香物质。影响酵母及酒精发酵的因素主要有以下方面。

**1. 温度** 温度是影响发酵的最重要因素之一。液态酵母活动的最适温度为 20℃~30℃。20℃以上,繁殖速度随温度升高而加快,至 30℃达最大值;34℃~35℃时,繁殖速度迅速下降,至 40℃停止活动。一般情况下,发酵危险温度区为 32℃~35℃,这一温度称发酵临界温度。

根据发酵温度的不同,可以将发酵分为高温发酵和低温发酵。30℃以上为高温发酵,其发酵时间短,但口味粗糙,杂醇、醋酸等含量高。20℃以下为低温发酵，其发酵时间长，但有利于酯类物质生成保留，果酒风味好。

**2. 酸度(pH)** 酵母菌在pH为2～7时，均可生长，pH为4～6时，生长最好，发酵力最强。但一些细菌也生长良好。因此，生产中一般控制在pH为3.3～3.5，此时细菌受到抑制，酵母活动良好。pH为<3.0时，发酵受到抑制。

**3. 氧气** 酵母是兼性厌氧微生物，在氧气充足时，主要繁殖酵母细胞，只产少量乙醇；在缺氧时，繁殖缓慢，产生大量酒精。因此，在果酒发酵初期，应适当供给氧气，以达到酵母繁殖所需，之后，应予密闭发酵。

**4. 糖分** 糖浓度影响酵母的生长和发酵。糖度为1%～2%时，生长发酵速度最快；糖度高于25%时，出现发酵延滞；糖度在60%以上，发酵几乎停止。因此，在生产高酒度果酒时，要采用分次加糖的方法，以保证发酵的顺利进行。

**5. 乙醇** 乙醇是酵母的代谢产物，不同酵母对乙醇的耐力有很大的差异。多数酵母在乙醇浓度达到2%时，就开始抑制发酵，尖端酵母在乙醇浓度达到5%时就不能生长，葡萄酒酵母可忍受13%～15%，甚至16%～17%的酒精。所以，自然酿制生产的果酒不可能生产酒度过高的果酒，必须通过蒸馏或添加纯酒精才能生产高度果酒。

**6. 二氧化硫** 在酒的发酵中，添加二氧化硫主要是为了抑制有害菌的生长，因为酵母对其不敏感，是理想的抑菌剂。葡萄酒酵母可耐1克/升的二氧化硫。果汁含二氧化硫10毫克/升，对酵母无明显作用，但其他杂菌则被抑制。二氧化硫含量达到50毫克/升发酵仅延迟18～20小时，但其他微生物则几乎全被杀死。

## (二)果酒酿造的工艺流程

果酒酿造的工艺流程如图 6-2 所示。

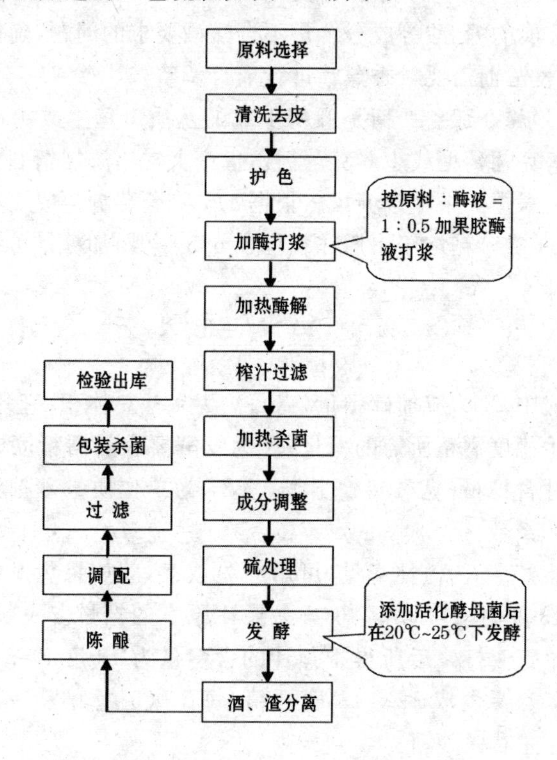


图 6-2　香蕉果酒酿造工艺流程图

## (三)香蕉果酒酿造的工艺要点

香蕉果酒酿造的前期加工工艺(如原料选择、清洗、去皮、护色、加酶液打浆、加热酶解、榨汁等)与香蕉汁的相关加工工艺基本相同。下面着重介绍榨汁后的工艺要点。

**1. 加热杀菌**　将经过酶解、榨汁后的香蕉果汁在 80℃～85℃下,加热杀菌 20 分钟,杀死真菌、醋酸菌等微生物,以免影响酒精发酵。

**2. 成分调整** 为了解决原料因品种、环境、栽培管理等原因造成的糖、酸等成分含量不合酿酒要求的问题，确保果酒质量，发酵前需要对香蕉汁进行成分调整。

(1)糖分调整 糖是酒精生成的基质。每生成1度酒精需1.7克葡萄糖或1.6克蔗糖。生产上常用添加精制白砂糖的方法来提高果汁含糖量。根据1.7克葡萄糖生成1度酒精计，每千克砂糖溶于水后体积增加625毫升，加糖量可按下列公式计算：

$$X=\frac{V(17A-B)}{100-1.7A\times0.625}$$

式中，X为应加砂糖量(克)；V为果汁总体积(毫升)；1.7为产生1度酒精所需的糖量；A为发酵要求的酒精度(度)；B为果汁含糖量(克/100毫升)；0.625为单位质量砂糖溶解后的体积系数。

生产上，为方便起见，可用经验数字，即如果想发酵生成12～13度酒精，则用240减去果汁原有的糖量。一般按1：0.5加酶液打浆后所得香蕉汁的含糖量为13度Brix(白利)左右，若要生成12～13度酒精，每1 000毫升果汁需添加110克左右白砂糖。

加糖时，先用少量果汁将糖溶解，再加到大批果汁中，因为酵母在含糖量为20%以下的糖液中，发酵和繁殖都较旺盛，浓度过高，会抑制其活动。因此，在生产高酒度果酒时，要分次加糖，以不影响酵母的正常活动为宜。

(2)酸分调整 酸在果酒酿造过程中起着重要作用，它可抑制细菌生长繁殖，使发酵顺利进行；使果酒颜色鲜明，酒味清爽，并使酒有柔和感。酸与醇生成酯，可增加酒的芳香，增强酒的耐贮藏性和稳定性。

香蕉酒发酵要求的酸度以0.8%～1.2%为适宜。若酸度低于0.65%或pH大于3.6时，可用酒石酸或柠檬酸对香蕉汁直接增酸。

**3. 硫处理** 在成分调整后的果汁中加入固体亚硫酸盐100～120毫克/升，使其产生二氧化硫，以便于发酵顺利进行。二氧化硫在酒中的作用表现为杀菌、澄清、抗氧化、增酸、有利于色素和单宁的溶出，使风味变好。但使用不当或过量，会产生怪味，并有害于人体健康，还会推迟发酵的进行。

**4. 酒精发酵**

(1)活化酵母 按果汁量称取0.01%～0.02%安琪牌葡萄酒活性干酵母，加入温度为38℃～40℃的2%蔗糖溶液中，搅拌30分钟后，即可添加到果汁中发酵。

为了节约酵母，可以将酵母进行固定。据试验，固定化的酵母具有与游离酵母同样的发酵效果，且能重复使用。

酵母固定的具体方法是：将活化后的酵母液与2%海藻酸钠混匀，再用5%氯化钙固定24小时，再用无菌水洗净即可使用。

(2)发酵 发酵设备可用发酵桶、发酵罐及发酵池。设备要求不渗漏、能密封、不与酒液起反应，使用前应洗涤，用二氧化硫或甲醛熏蒸消毒处理。

发酵宜在20℃～25℃下进行。发酵开始后，品温逐渐升高，到旺盛发酵期(3～5天，)达到高峰，发酵液大量起泡、浑浊。当气泡消失，已无二氧化硫放出时，汁液澄清，发酵液接近室温，含糖量降至5%以下时，发酵结束。发酵需10～15天。

**5. 酒、渣分离** 发酵结束后，要及时用胶管虹吸法(用泵抽出)将上清液移入另一发酵罐中,使新酒与残渣(沉淀物)分离。

**6. 陈酿** 新酿成的香蕉酒不宜马上饮用,必须经一定时间贮存,以消除酵母味、生酒味、苦涩味和二氧化碳刺激味等,使酒质更加清亮透明、醇厚和芳香。这个过程称为酒的"陈酿"或"老熟"。

生产上常将酒封闭好放入地下室温度较低(10℃~15℃)的地方进行陈酿。每半年换1次桶,陈酿期一般在半年以上。

**7. 成品调配** 为了获得质量稳定的香蕉酒,出厂前需要对酒进行调配。调配的目的,是使同品种酒保持其固有特点并达到各自的质量标准,以提高酒质。成品调配的指标主要有以下几项。

(1)酒度 原酒的酒精度若低于产品标准,用同品种高度酒调配,或用同品种香蕉蒸馏酒或精制食用酒精调配。

(2)糖分 如糖分不足,用同品种浓缩果汁或精制白砂糖调整。

(3)酸分 如酸分不足,加柠檬酸补充,1克柠檬酸相当于0.935克酒石酸;酸分过高,用中性酒石酸钾中和。

**8. 过滤** 为获得澄清透明的香蕉酒,包装前需先行过滤。过滤可采用纸板过滤机或无菌过滤器等完成。其中,无菌过滤器可实现无菌罐装。

**9. 包装、杀菌** 香蕉酒常用玻璃瓶包装,优质香蕉酒配软木塞封口。装瓶时,空瓶先用30℃~50℃的2%~4%碱液浸泡,再用清水冲洗,最后用2%亚硫酸溶液冲洗消毒。

杀菌有装瓶前杀菌和装瓶后杀菌两种方法。装瓶前杀菌是将酒经快速杀菌器90℃、1分钟杀菌后迅速装瓶密封;装瓶后杀菌是将酒先适量装瓶,再经60℃~70℃、10~15分钟杀菌。

装瓶、杀菌后的香蕉酒，再经一次验光，合格品即可贴上商标、装箱、入库。

**(四)产品质量标准**

**1. 感官指标**

(1)色泽　具有香蕉果酒的天然色泽，呈金黄色，澄清透明，无悬浮物，无沉淀。

(2)香气　具有悦人的香蕉香气，酒香怡雅，无异香。

(3)滋味　甜酸适口，圆润舒适，酒体丰满。

(4)风味　具有香蕉酒的独特风格。

**2. 理化指标**

(1)酒精度(20℃，体积%)　11%～13%VOL

(2)总糖(以葡萄糖计，克/升)　≤100

(3)总酸(以柠檬酸计，克/升)　6～8

**3. 微生物指标**

(1)细菌总数(个/毫升)　≤40

(2)大肠杆菌(个/100毫升)　≤3

(3)致病菌　不得检出

## 三、香蕉粉的加工

**(一)香蕉粉加工的原理**

利用水果制成果粉，食用时只要加入水便可冲成果汁饮料，因此，有人称它为固体饮料。它具有体积小、方便携带、能保持原有果实风味的特点，亦可加到其他食品当中做调料，制成带有原果味的食品。例如，用香蕉制成香蕉粉，可冲水成香蕉奶、香蕉糕、香蕉冰激淋等。

将香蕉制成香蕉粉，是香蕉加工生产的一个新品种。香蕉粉可以直接食用，也可作为食品工业原料或添加剂，其应用范围相当广泛。目前该产品在国外需求量很大,在国内亦存在相当广阔的潜在市场。香蕉中含有大量的水分,干燥脱水是制粉过程的关键工序之一,可采用喷雾干燥、真空抽气干燥、真空冷冻干燥等方法进行干燥。但是,由于香蕉含果胶物质多,用传统方法加工出来的果粉冲出的果汁带有黏性,口感不好。因此,最好对果汁先进行酶解处理,然后再制粉。下面介绍此加工方法。

**(二)香蕉粉加工的工艺流程**

香蕉粉加工的工艺流程如图 6-3 所示。

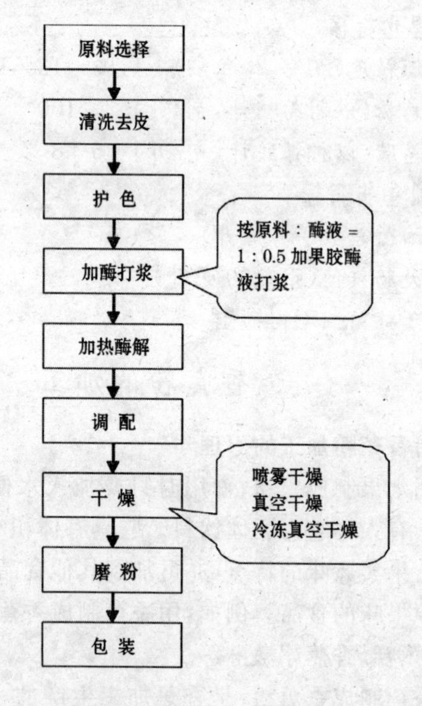


图 6-3 香蕉粉加工的工艺流程图

### (三)香蕉粉加工的工艺要点

香蕉粉的前期加工工艺(如原料选择、清洗、去皮、护色、加酶液打浆、加热酶解等)与香蕉汁的相关加工工艺基本相同。下面着重介绍酶解后的工艺要点。

**1. 调配** 若制成饮料用果粉,酶解后一般再加入10%~15%的糖到酶解浆液中,以增加甜度,便于将成品冲水后即能饮用;若制成调味料,则不再加糖,而在制作其他食品时再做调配。除加糖外,还可加入0.2%~0.3%柠檬酸,以增加品味和固定产品的颜色,防霉褐变。

**2. 干燥** 干燥的方法有多种,按生产的设备、能力采用不同的方法。

(1)喷雾干燥 把调配好的香蕉浆,经180~200千克/平方厘米的均质机均质细化,然后倒入喷雾干燥器中喷雾干燥,喷雾干燥器进口温度以180℃~220℃、出口温度以70℃~80℃为宜。产品的含水量在3%以下。

(2)真空干燥 把调配好的香蕉浆均匀地铺在不锈钢的托盘上,放入真空干燥机中进行烘干,温度控制在40℃以下,并抽真空至-0.09兆帕进行减压干燥,这样可降低干燥温度,获得优质的产品。

(3)冷冻真空升华干燥 该法是干燥中最好的方法。先将香蕉浆用-10℃~-20℃低温冻结,再抽空至20~40帕真空度,升温至10℃~20℃,干燥12~16小时。用此法生产的产品品质最好。因为在这样的低温下,果实的色、香、味都不变。但是冷冻真空升华干燥设备非常昂贵,有的先用较低的温度干燥一段,最后再采用真空升华彻底干燥,以节省能源。

**3. 磨粉** 无论采用哪一种方法干燥出来的香蕉粉,因其含水量相当的低，尤其是在真空下干燥的产品，其吸湿性很强，一旦暴露在空气中，很快就会返潮。因此，干燥后要及时磨粉，并须在相同的干燥条件下进行研磨，但不能暴露在空气中研磨。

**4. 包装** 包装要及时，包装过程也要在非常干燥的环境中进行；材料一定要防潮，最好利用铝箔复合袋密封包装并存放在遮光、干燥的地方。

**(四)产品质量标准**

产品呈粉末状，气味芳香，水溶性好，水分含量≤5%，基本保持原果肉的颜色和风味。

## 四、香蕉酱的加工

香蕉酱是以香蕉为原料的糖制品，属于果酱类，可做糕点、糖果的馅料；也可以用作涂抹在面包、馒头上的佐料。

**(一)香蕉酱保藏的原理**

香蕉酱之所以能较长期保藏，一方面因为将酱体装罐，经过密封、杀菌，防止了微生物的再感染，同时也终止了原料的生命活动，从而使香蕉酱得以长期保藏；另一方面食糖亦具有一定的保藏作用。它在一定的浓度下能产生渗透压力，1%浓度的糖液就能产生相当于1.2个大气压的渗透压，浓度越高渗透压越大。强大的渗透压导致微生物细胞原生质脱水收缩，造成细胞生理干燥而无法存活。但食糖仅是食品的保藏剂而并非杀菌剂，只能抑制而不能杀死微生物，且糖浓度一般在50%以上时，微生物的生长才能受阻。因此，果酱的含糖量要求在60%～65%或固形物含量达68%～75%，其保藏的质量才有保证。但也有加入无害的防腐剂或代糖甜味素等其他添加剂的做法，尽量减少糖的用量，制成低糖的果酱食品。

## (二)香蕉酱加工的工艺流程

香蕉酱加工工艺流程如图 6-4 所示。

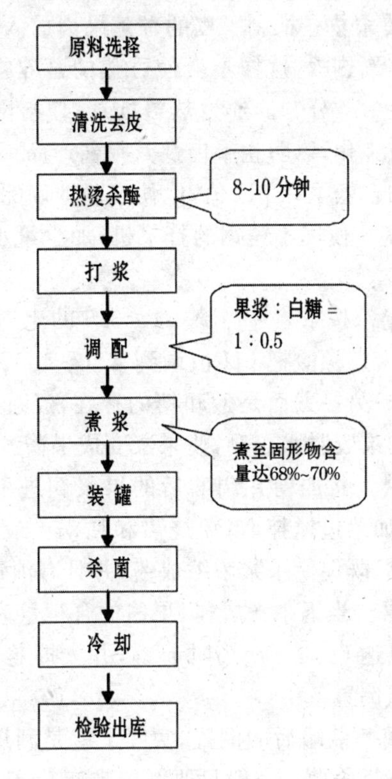


图 6-4　香蕉酱加工的工艺流程图

## (三)香蕉酱加工的工艺要点

**1. 原料选择**　要求香蕉果实完全成熟,其中的淀粉都转化成糖,这样才能充分显示出香蕉特有的风味。也可用制作其他香蕉加工品剩下的余料生产香蕉酱。

**2. 清洗去皮**　用清水冲洗香蕉,把外表的污垢、泥沙以及蕉尾上的残花清除，以免剥皮时造成第二次污染。清洗后，剥去香蕉皮，同时除去压伤、碰伤、虫伤以及腐烂的果肉。

**3. 热烫杀酶** 把剥了皮的香蕉果肉放入沸水中热烫，最好使用热蒸汽热烫，这样不会使香蕉的营养物质受损。热烫一般需要 8～10 分钟。通过热烫处理，使多酚氧化酶和过氧化酶失活或钝化，以防止果肉及其果酱产品褐变。热烫后，要测定香蕉的含糖量和 pH 值，以便准确地调配产品风味。

**4. 打浆** 使用不锈钢的打浆机，加少量水将香蕉果肉打成浆。

**5. 调配** 按果浆∶白糖＝1∶0.5 的比例，向果浆中加入白糖，并加入柠檬酸把 pH 值调到 4.1～4.3。这样做一方面是增加风味；另一方面是酸和糖的存在，经过加热，会促使果实中所含的果胶脱水胶凝，使果浆变成果酱。

**6. 煮浆** 将加糖并调酸后的果浆倒进不锈钢锅进行加热，注意边加热边搅拌，以免烧焦和粘锅。最好使用夹层锅，用蒸汽加热，既促使果浆浓缩成酱，并具有消毒作用。

**7. 装罐** 当锅中煮成酱，果酱的含糖量为 60%～62%或固形物含量达 68%～70%时起锅，并立即趁热装罐，随即加盖封罐将罐倒置。

**8. 杀菌** 装罐后的倒置，实际上就是利用高温而又高浓度的果酱进行杀菌。一般只要倒置维持 5～10 分钟便达到目的。也可以在 90℃水浴锅中进行常压杀菌 10 分钟。

**9. 冷却** 用玻璃瓶装载的，需分阶段冷却后再装瓶，以免因温度的突降导致玻璃瓶爆裂。用马口铁罐包装的，可直接放入冷水中快速冷却，冷至 38℃时即可取出，让其余热把罐身的水分继续蒸干，这样可省去擦罐的工序。

**10. 检验出库** 按罐藏食品检验程序进行，从外到里各项一一查明。检验合格后便可贴商标，再装入大包装内，作成品贮存或出库销售。

**（四）产品质量标准**

香蕉酱产品呈淡黄色或淡黄褐色，含糖量为60%～62%，具有该产品特有的气味和滋味，甜酸适口，无焦糊味和其他异味；组织形态为黏稠状，不分泌汁液，无糖结晶。微生物指标符合罐头食品商业无菌要求，无致病菌及微生物所引起的腐败现象。

## 五、香蕉果胶的提取

**（一）香蕉果胶提取的原理**

果胶是一种常用的增稠剂，广泛用于加工果冻和果酱。香蕉果皮中含有0.5%～0.7%的果胶物质。香蕉在食用和加工果汁、果酒、果粉等产品过程中留下的大量果皮，若不能充分利用，不仅浪费资源，而且造成污染。因此，以香蕉皮作为原料提取果胶，可以变废为宝，降低香蕉加工的生产成本，从而提高经济效益。

果胶的提取方法主要有醇沉淀法和盐沉淀法两种。采用盐沉淀法工艺复杂，产品颜色深且含有的杂质离子较多；而醇沉淀法的生产工艺简单，产品的纯度高，色泽好，灰分少。下面介绍采用乙醇沉淀法从香蕉皮中提取果胶的工艺。

**（二）香蕉果胶提取的工艺流程**

用乙醇沉淀法提取香蕉果胶的工艺流程如图6-5所示。

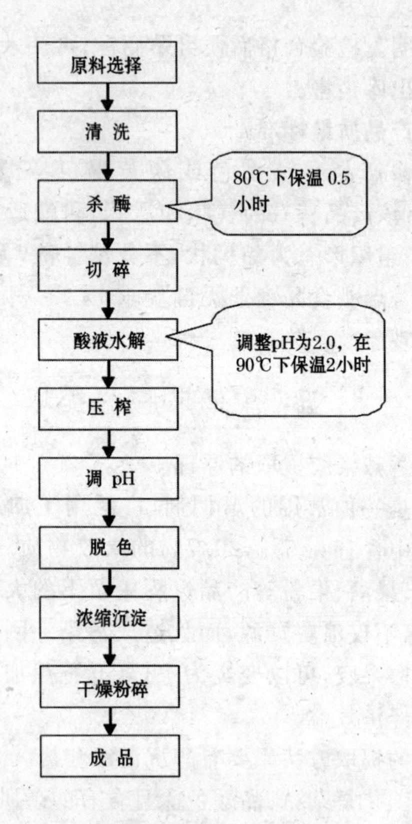


图 6-5　提取香蕉果胶工艺流程图

### (三)香蕉果胶提取的工艺要点

**1. 原料选择**　选用无病虫、无腐烂的香蕉皮。

**2. 清洗**　称取一定量的新鲜果皮,用水漂洗数次,彻底清除其中的泥沙等杂质。

**3. 杀酶**　将漂洗后的香蕉皮用热水浸泡,在 80℃下保温 30 分钟左右。其目的主要是杀死果胶酶,同时初步除去糖、色素、盐类、有机酸等水溶性物质。

**4. 切碎** 将漂洗、杀酶后的香蕉皮切碎，粒度大小以0.3厘米×0.3厘米为宜。

**5. 酸液水解** 在处理好的香蕉皮粒中加入2～3倍体积的水，用硫酸调整pH值至2，温度控制在90℃左右，保温2小时，使原果胶转化为可溶性果胶。

**6. 压榨、调整pH** 趁热将煮后的糊浆用工业滤布压榨，得到的滤液用氨水调整pH值至3.5。

**7. 脱色** 在滤液中加入1%～2%的活性炭，在60℃下保温30分钟，经离心分离得到色泽浅淡、澄清的果胶液。在脱色过程中，活性炭不仅可除去大部分的色素，还可以除去大部分残留糖、盐类、果肉屑和部分重金属离子。

**8. 浓缩沉淀** 将上述果胶液在40℃左右真空浓缩至固形物达5%～10%，冷却至室温，加入相当于果胶液1倍体积的无水乙醇，使其中的乙醇含量达50%。此时果胶以絮状沉淀析出，静置1小时后，抽滤除去乙醇(滤液回收)。

**9. 干燥、粉碎** 在45℃下干燥固形物至含水量小于10%，经粉碎后过80目筛即得果胶成品。果胶成品应及时用聚乙烯塑料袋密封包装。

**(四)产品质量标准**

果胶成品为淡灰色的粉末，含水量≤10%，微有特异臭，味微甜带酸。

# 附　　录

## 附录一　乙烯吸收剂的制作方法

**(一)方法一**

**1. 配制高锰酸钾饱和溶液**　称取高锰酸钾 63.3 克,溶解于 1 000 毫升水中,配制成饱和溶液。

**2. 浸泡**　将硅藻土或珍珠岩或蛭石等多孔性材料浸泡于高锰酸钾饱和溶液里,饱吸高锰酸钾。

**3. 晾干装袋**　将饱吸高锰酸钾的材料捞出晾干后装袋,将乙烯吸收剂装入透气纸袋,每袋装乙烯吸收剂 150 克(一般可用于吸收 15 千克产品释放的乙烯),密封袋口即成。

**(二)方法二**

**1. 配制高锰酸钾饱和溶液**　称取高锰酸钾 63.3 克,溶解于 1 000 毫升水中,配制成饱和溶液。

**2. 浸泡**　取蛭石 1 千克投入到溶液中浸泡 30～60 分钟,沥出后阴干。

**3. 混合**　称取氧化钙 0.8 千克粉碎后,与阴干的蛭石放在一起混匀,装入透气纸袋,每袋装乙烯吸收剂 150 克(可用于吸收 15 千克产品释放的乙烯),密封袋口即成。此法制成的乙烯吸收剂具有湿润后不会降低吸收效果的优点。

# 附录二　药液的配制方法

配制药液的计算公式如下：

原液的用量×原液(所用药物)的有效含量＝需要配制的溶液量×需要配制的溶液浓度

例：如何配制 50 千克浓度为 1 000 毫克/千克的特克多溶液(特克多原液的有效含量为 45%)？

已知条件为：

①原液(特克多)的有效含量为 45%；

②需要配制的溶液量为 50 千克；

③需要配制的溶液浓度为 1 000 毫克/千克即 $1000\times10^{-6}=1\times10^{-3}=1/1\,000$

由计算公式可知：原液(特克多)的用量＝需要配制的溶液量×需要配制的溶液浓度÷原液(特克多)的有效含量。

因此，原液(特克多)的用量 $=50\times1/1000\div45/100=0.11$ 千克。

也就是说，应称(量)取 0.11 千克浓度为 45%的特克多原液，加水至 50 千克，并充分搅拌，便可得到 50 千克浓度为 1 000 毫克/千克的特克多药液。

乙烯利等其他药液的计算方法与上述方法相同。

需要指出的是：有两种或两种以上药物混配时，绝不是按各自的浓度先配好再混合，应该用需配溶液量的同一种水为基准，先称好水，然后从中取出少许，分别将称(量)取的各种药稀释或溶解后再倒入称好的水中混合搅匀。

# 附录三　果汁含糖量的快速测定方法

果汁中的可溶性固形物主要是糖分，因此，生产上常使用手持折光仪（糖量计或测糖仪）来快速测定果汁中可溶性固形物含量，代表果汁中的含糖量。

手持折光仪是一种快速测定果汁含糖量的简单仪器，其结构由照明棱镜板盖、折光棱镜、望远镜管、旋钮、眼罩、校正螺丝、进光窗等组成（如下图）。

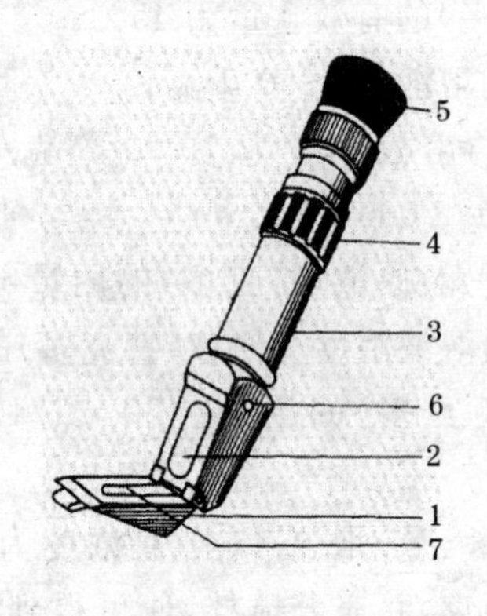


**手持折光仪**（糖量计）

1. 照明棱镜板盖　2. 折光棱镜　3. 望远镜管
4. 旋钮　5. 眼罩　6. 校正螺丝　7. 进光窗

手持折光仪使用前先用蒸馏水对仪器进行校正。即掀开照明棱镜板盖，用镜头纸将折光镜拭净，取蒸馏水数点，置于折光棱镜的镜面上，合上照明棱镜盖板，将仪器进光窗对向光源或明亮处，调节校正螺丝，将视场分界线校正为 0 处，然后把蒸馏水拭净，取果汁数点置于折光棱镜面上，按用蒸馏水校正仪器的步骤进行测试。视场中所见明暗分界线相应之读数，即为被测果汁平均固形物含量的百分数，即常称“°Brix

(白利)”,用以代表其含糖量。

当被测试液含糖量低于50%时,转动旋钮使目镜视场上的分划尺为0～50,明暗分界线相应之刻度,即为含糖成分之百分数。若含糖量高于50%,则应转动旋钮,使目镜视场中所见的刻度范围为50～80,明暗分界线相应的刻度即为被测试液含糖量。

在没有蒸馏水的地方,如要获得准确数值需要对所测读数进行温度修正。该仪器是依据标准温度(20℃)设计的,在非标准温度下测定时应在原有的读数上,加入或减去温度修正值(表1)。

**表1　糖度与温度校正表**　(20℃)

| 温度(℃) | 糖度 | | | | | | | | | | | | |
|---|---|---|---|---|---|---|---|---|---|---|---|---|---|
| | 0 | 1 | 2 | 3 | 4 | 5 | 6 | 7 | 8 | 9 | 10 | 11 | 12 |
| | 读数应减之数 | | | | | | | | | | | | |
| 0 | 0.40 | 0.42 | 0.44 | 0.45 | 0.47 | 0.49 | 0.52 | 0.52 | 0.55 | 0.62 | 0.65 | 0.67 | 0.70 |
| 5 | 0.36 | 0.38 | 0.40 | 0.43 | 0.45 | 0.47 | 0.49 | 0.51 | 0.52 | 0.54 | 0.56 | 0.58 | 0.60 |
| 10 | 0.32 | 0.33 | 0.34 | 0.36 | 0.37 | 0.39 | 0.39 | 0.40 | 0.41 | 0.42 | 0.43 | 0.44 | 0.45 |
| 10.5 | 0.31 | 0.32 | 0.33 | 0.34 | 0.35 | 0.36 | 0.37 | 0.38 | 0.39 | 0.41 | 0.41 | 0.42 | 0.43 |
| 11 | 0.31 | 0.32 | 0.33 | 0.33 | 0.34 | 0.35 | 0.35 | 0.37 | 0.38 | 0.38 | 0.40 | 0.41 | 0.42 |
| 11.5 | 0.30 | 0.31 | 0.31 | 0.32 | 0.32 | 0.33 | 0.34 | 0.35 | 0.36 | 0.37 | 0.38 | 0.39 | 0.40 |
| 12 | 0.29 | 0.30 | 0.30 | 0.31 | 0.31 | 0.32 | 0.33 | 0.34 | 0.34 | 0.35 | 0.36 | 0.37 | 0.38 |
| 12.5 | 0.27 | 0.28 | 0.28 | 0.29 | 0.29 | 0.30 | 0.31 | 0.32 | 0.32 | 0.33 | 0.34 | 0.35 | 0.35 |
| 13 | 0.26 | 0.27 | 0.27 | 0.28 | 0.28 | 0.29 | 0.30 | 0.30 | 0.31 | 0.31 | 0.32 | 0.33 | 0.33 |
| 13.5 | 0.25 | 0.25 | 0.25 | 0.25 | 0.26 | 0.27 | 0.28 | 0.28 | 0.29 | 0.29 | 0.30 | 0.31 | 0.31 |
| 14 | 0.24 | 0.24 | 0.24 | 0.24 | 0.25 | 0.26 | 0.27 | 0.27 | 0.28 | 0.28 | 0.28 | 0.29 | 0.30 |
| 14.5 | 0.22 | 0.22 | 0.22 | 0.22 | 0.23 | 0.24 | 0.24 | 0.25 | 0.25 | 0.25 | 0.26 | 0.26 | 0.27 |
| 15 | 0.20 | 0.20 | 0.20 | 0.20 | 0.21 | 0.22 | 0.22 | 0.23 | 0.23 | 0.24 | 0.24 | 0.24 | 0.25 |
| 15.5 | 0.18 | 0.18 | 0.18 | 0.18 | 0.19 | 0.20 | 0.20 | 0.21 | 0.21 | 0.22 | 0.22 | 0.22 | 0.23 |
| 16 | 0.17 | 0.17 | 0.17 | 0.18 | 0.18 | 0.18 | 0.18 | 0.19 | 0.19 | 0.20 | 0.20 | 0.20 | 0.21 |
| 16.5 | 0.15 | 0.15 | 0.15 | 0.15 | 0.16 | 0.16 | 0.16 | 0.16 | 0.17 | 0.17 | 0.17 | 0.17 | 0.18 |
| 17 | 0.13 | 0.13 | 0.13 | 0.14 | 0.14 | 0.14 | 0.14 | 0.14 | 0.15 | 0.15 | 0.15 | 0.15 | 0.15 |

续表 1

| 温度 (℃) | 糖度 | | | | | | | | | | | | |
|---|---|---|---|---|---|---|---|---|---|---|---|---|---|
| | 0 | 1 | 2 | 3 | 4 | 5 | 6 | 7 | 8 | 9 | 10 | 11 | 12 |
| | 读数应减之数 | | | | | | | | | | | | |
| 17.5 | 0.11 | 0.11 | 0.11 | 0.12 | 0.12 | 0.12 | 0.12 | 0.12 | 0.12 | 0.12 | 0.12 | 0.12 | 0.12 |
| 18 | 0.09 | 0.09 | 0.09 | 0.09 | 0.09 | 0.10 | 0.10 | 0.10 | 0.10 | 0.10 | 0.10 | 0.10 | 0.10 |
| 18.5 | 0.07 | 0.07 | 0.07 | 0.07 | 0.07 | 0.07 | 0.07 | 0.07 | 0.07 | 0.07 | 0.07 | 0.07 | 0.07 |
| 19 | 0.05 | 0.05 | 0.05 | 0.05 | 0.05 | 0.05 | 0.05 | 0.05 | 0.05 | 0.05 | 0.05 | 0.05 | 0.05 |
| 19.5 | 0.03 | 0.03 | 0.03 | 0.03 | 0.03 | 0.03 | 0.03 | 0.03 | 0.03 | 0.03 | 0.03 | 0.03 | 0.03 |
| 20 | 0 | 0 | 0 | 0 | 0 | 0 | 0 | 0 | 0 | 0 | 0 | 0 | 0 |
| 20.5 | 0.02 | 0.02 | 0.02 | 0.03 | 0.03 | 0.03 | 0.03 | 0.03 | 0.03 | 0.03 | 0.03 | 0.03 | 0.03 |
| 21 | 0.04 | 0.04 | 0.04 | 0.05 | 0.05 | 0.05 | 0.05 | 0.05 | 0.06 | 0.06 | 0.06 | 0.06 | 0.06 |
| 21.5 | 0.07 | 0.07 | 0.07 | 0.08 | 0.08 | 0.08 | 0.08 | 0.08 | 0.09 | 0.09 | 0.09 | 0.09 | 0.09 |
| 22 | 0.10 | 0.10 | 0.10 | 0.10 | 0.10 | 0.10 | 0.10 | 0.10 | 0.11 | 0.11 | 0.11 | 0.11 | 0.11 |
| 22.5 | 0.13 | 0.13 | 0.13 | 0.13 | 0.13 | 0.13 | 0.13 | 0.13 | 0.14 | 0.14 | 0.14 | 0.14 | 0.14 |
| 23 | 0.16 | 0.16 | 0.16 | 0.16 | 0.16 | 0.16 | 0.16 | 0.16 | 0.17 | 0.17 | 0.17 | 0.17 | 0.17 |
| 23.5 | 0.19 | 0.19 | 0.19 | 0.19 | 0.19 | 0.19 | 0.19 | 0.19 | 0.20 | 0.20 | 0.20 | 0.20 | 0.20 |
| 24 | 0.21 | 0.21 | 0.21 | 0.22 | 0.22 | 0.22 | 0.22 | 0.22 | 0.23 | 0.23 | 0.23 | 0.23 | 0.23 |
| 24.5 | 0.24 | 0.24 | 0.24 | 0.25 | 0.25 | 0.25 | 0.25 | 0.26 | 0.26 | 0.27 | 0.27 | 0.27 | 0.27 |
| 25 | 0.27 | 0.27 | 0.27 | 0.28 | 0.28 | 0.28 | 0.28 | 0.29 | 0.29 | 0.30 | 0.30 | 0.30 | 0.30 |
| 25.5 | 0.30 | 0.30 | 0.30 | 0.31 | 0.31 | 0.31 | 0.31 | 0.32 | 0.32 | 0.33 | 0.33 | 0.33 | 0.33 |
| 26 | 0.33 | 0.33 | 0.33 | 0.34 | 0.34 | 0.34 | 0.34 | 0.35 | 0.35 | 0.35 | 0.36 | 0.36 | 0.36 |
| 26.5 | 0.37 | 0.37 | 0.37 | 0.38 | 0.38 | 0.38 | 0.38 | 0.38 | 0.39 | 0.39 | 0.39 | 0.39 | 0.40 |
| 27 | 0.40 | 0.40 | 0.40 | 0.41 | 0.41 | 0.41 | 0.41 | 0.41 | 0.42 | 0.42 | 0.42 | 0.42 | 0.43 |
| 27.5 | 0.43 | 0.43 | 0.43 | 0.44 | 0.44 | 0.44 | 0.44 | 0.45 | 0.45 | 0.46 | 0.46 | 0.46 | 0.47 |
| 28 | 0.46 | 0.46 | 0.46 | 0.47 | 0.47 | 0.47 | 0.47 | 0.48 | 0.48 | 0.49 | 0.49 | 0.49 | 0.50 |
| 28.5 | 0.50 | 0.50 | 0.50 | 0.51 | 0.51 | 0.51 | 0.51 | 0.52 | 0.52 | 0.53 | 0.53 | 0.53 | 0.54 |
| 29 | 0.54 | 0.54 | 0.54 | 0.55 | 0.55 | 0.55 | 0.55 | 0.56 | 0.56 | 0.56 | 0.56 | 0.57 | 0.57 |
| 29.5 | 0.58 | 0.58 | 0.58 | 0.59 | 0.59 | 0.59 | 0.59 | 0.59 | 0.60 | 0.60 | 0.60 | 0.61 | 0.61 |
| 30 | 0.61 | 0.61 | 0.61 | 0.62 | 0.62 | 0.62 | 0.62 | 0.62 | 0.63 | 0.63 | 0.63 | 0.64 | 0.64 |
| 30.5 | 0.65 | 0.65 | 0.65 | 0.66 | 0.66 | 0.66 | 0.66 | 0.66 | 0.67 | 0.67 | 0.67 | 0.68 | 0.68 |
| 31 | 0.69 | 0.69 | 0.69 | 0.70 | 0.70 | 0.70 | 0.70 | 0.70 | 0.71 | 0.71 | 0.71 | 0.72 | 0.72 |
| 31.5 | 0.73 | 0.73 | 0.73 | 0.74 | 0.74 | 0.74 | 0.74 | 0.74 | 0.75 | 0.75 | 0.75 | 0.76 | 0.76 |
| 32 | 0.76 | 0.76 | 0.77 | 0.77 | 0.78 | 0.78 | 0.78 | 0.78 | 0.79 | 0.79 | 0.79 | 0.80 | 0.80 |

## 续表 1

| 温度(℃) | 糖度 | | | | | | | | | | | | |
|---|---|---|---|---|---|---|---|---|---|---|---|---|---|
| | 0 | 1 | 2 | 3 | 4 | 5 | 6 | 7 | 8 | 9 | 10 | 11 | 12 |
| | 读数应减之数 | | | | | | | | | | | | |
| 32.5 | 0.80 | 0.80 | 0.81 | 0.81 | 0.82 | 0.82 | 0.82 | 0.83 | 0.83 | 0.83 | 0.83 | 0.84 | 0.84 |
| 33 | 0.84 | 0.84 | 0.85 | 0.85 | 0.85 | 0.85 | 0.85 | 0.86 | 0.86 | 0.86 | 0.86 | 0.87 | 0.88 |
| 33.5 | 0.88 | 0.88 | 0.88 | 0.89 | 0.89 | 0.89 | 0.89 | 0.89 | 0.90 | 0.90 | 0.90 | 0.91 | 0.92 |
| 34 | 0.91 | 0.91 | 0.92 | 0.92 | 0.93 | 0.93 | 0.93 | 0.93 | 0.94 | 0.94 | 0.94 | 0.95 | 0.95 |
| 34.5 | 0.95 | 0.95 | 0.95 | 0.96 | 0.97 | 0.97 | 0.97 | 0.97 | 0.98 | 0.98 | 0.98 | 0.99 | 0.99 |
| 35 | 0.99 | 0.99 | 1.00 | 1.00 | 1.01 | 1.01 | 1.01 | 1.01 | 1.02 | 1.02 | 1.02 | 1.03 | 1.04 |

## 续表 1

| 温度(℃) | 糖度 | | | | | | | | | | | | | |
|---|---|---|---|---|---|---|---|---|---|---|---|---|---|---|
| | 13 | 14 | 15 | 16 | 17 | 18 | 19 | 20 | 21 | 22 | 23 | 24 | 25 | 30 |
| | 读数应减之数 | | | | | | | | | | | | | |
| 0 | 0.72 | 0.75 | 0.77 | 0.79 | 0.82 | 0.84 | 0.87 | 0.89 | 0.91 | 0.93 | 0.95 | 0.97 | 0.99 | 1.08 |
| 5 | 0.61 | 0.63 | 0.65 | 0.67 | 0.68 | 0.70 | 0.71 | 0.73 | 0.74 | 0.75 | 0.75 | 0.77 | 0.80 | 0.86 |
| 10 | 0.45 | 0.47 | 0.48 | 0.49 | 0.50 | 0.50 | 0.51 | 0.52 | 0.53 | 0.54 | 0.55 | 0.56 | 0.57 | 0.60 |
| 10.5 | 0.44 | 0.45 | 0.46 | 0.47 | 0.48 | 0.48 | 0.49 | 0.50 | 0.51 | 0.52 | 0.52 | 0.53 | 0.54 | 0.57 |
| 11 | 0.42 | 0.43 | 0.44 | 0.45 | 0.46 | 0.46 | 0.47 | 0.48 | 0.49 | 0.49 | 0.50 | 0.50 | 0.51 | 0.55 |
| 11.5 | 0.40 | 0.41 | 0.42 | 0.43 | 0.43 | 0.44 | 0.44 | 0.45 | 0.45 | 0.45 | 0.46 | 0.47 | 0.48 | 0.54 |
| 12 | 0.38 | 0.39 | 0.40 | 0.41 | 0.41 | 0.42 | 0.42 | 0.43 | 0.44 | 0.44 | 0.45 | 0.45 | 0.46 | 0.50 |
| 12.5 | 0.35 | 0.36 | 0.37 | 0.38 | 0.38 | 0.39 | 0.39 | 0.40 | 0.41 | 0.41 | 0.42 | 0.43 | 0.43 | 0.47 |
| 13 | 0.34 | 0.34 | 0.35 | 0.36 | 0.36 | 0.37 | 0.37 | 0.38 | 0.39 | 0.39 | 0.40 | 0.40 | 0.41 | 0.44 |
| 13.5 | 0.32 | 0.32 | 0.33 | 0.34 | 0.34 | 0.35 | 0.35 | 0.36 | 0.36 | 0.37 | 0.37 | 0.38 | 0.38 | 0.41 |
| 14 | 0.30 | 0.31 | 0.31 | 0.32 | 0.32 | 0.33 | 0.33 | 0.34 | 0.34 | 0.35 | 0.35 | 0.36 | 0.36 | 0.38 |
| 14.5 | 0.27 | 0.28 | 0.28 | 0.29 | 0.29 | 0.30 | 0.30 | 0.31 | 0.31 | 0.32 | 0.32 | 0.33 | 0.33 | 0.35 |
| 15 | 0.25 | 0.25 | 0.26 | 0.26 | 0.27 | 0.27 | 0.28 | 0.28 | 0.28 | 0.29 | 0.29 | 0.30 | 0.30 | 0.32 |
| 15.5 | 0.23 | 0.24 | 0.24 | 0.24 | 0.24 | 0.25 | 0.25 | 0.25 | 0.25 | 0.26 | 0.26 | 0.27 | 0.27 | 0.29 |
| 16 | 0.21 | 0.22 | 0.22 | 0.22 | 0.22 | 0.23 | 0.23 | 0.23 | 0.23 | 0.24 | 0.24 | 0.25 | 0.25 | 0.26 |
| 16.5 | 0.18 | 0.19 | 0.19 | 0.19 | 0.19 | 0.20 | 0.20 | 0.20 | 0.20 | 0.21 | 0.21 | 0.22 | 0.22 | 0.23 |
| 17 | 0.16 | 0.16 | 0.16 | 0.16 | 0.16 | 0.17 | 0.17 | 0.18 | 0.18 | 0.18 | 0.19 | 0.19 | 0.19 | 0.20 |
| 17.5 | 0.13 | 0.13 | 0.13 | 0.13 | 0.13 | 0.14 | 0.14 | 0.15 | 0.15 | 0.15 | 0.16 | 0.16 | 0.16 | 0.16 |
| 18 | 0.11 | 0.11 | 0.11 | 0.11 | 0.11 | 0.12 | 0.12 | 0.12 | 0.12 | 0.12 | 0.13 | 0.13 | 0.13 | 0.13 |
| 18.5 | 0.08 | 0.08 | 0.08 | 0.08 | 0.08 | 0.08 | 0.09 | 0.09 | 0.09 | 0.09 | 0.09 | 0.09 | 0.09 | 0.10 |

**续表 1**

| 温度(℃) | 糖度 | | | | | | | | | | | | | |
|---|---|---|---|---|---|---|---|---|---|---|---|---|---|---|
| | 13 | 14 | 15 | 16 | 17 | 18 | 19 | 20 | 21 | 22 | 23 | 24 | 25 | 30 |
| | 读数应减之数 | | | | | | | | | | | | | |
| 19 | 0.05 | 0.06 | 0.06 | 0.06 | 0.06 | 0.06 | 0.06 | 0.06 | 0.06 | 0.06 | 0.06 | 0.06 | 0.06 | 0.07 |
| 19.5 | 0.03 | 0.03 | 0.03 | 0.03 | 0.03 | 0.03 | 0.03 | 0.03 | 0.03 | 0.03 | 0.03 | 0.03 | 0.03 | 0.04 |
| 20 | 0 | 0 | 0 | 0 | 0 | 0 | 0 | 0 | 0 | 0 | 0 | 0 | 0 | 0 |
| 20.5 | 0.03 | 0.03 | 0.03 | 0.03 | 0.03 | 0.03 | 0.03 | 0.03 | 0.03 | 0.03 | 0.03 | 0.03 | 0.04 | 0.04 |
| 21 | 0.06 | 0.06 | 0.06 | 0.06 | 0.06 | 0.06 | 0.06 | 0.06 | 0.06 | 0.06 | 0.07 | 0.07 | 0.07 | 0.07 |
| 21.5 | 0.09 | 0.09 | 0.09 | 0.09 | 0.09 | 0.09 | 0.09 | 0.09 | 0.09 | 0.09 | 0.10 | 0.10 | 0.10 | 0.11 |
| 22 | 0.12 | 0.12 | 0.12 | 0.12 | 0.12 | 0.12 | 0.12 | 0.12 | 0.12 | 0.12 | 0.13 | 0.13 | 0.13 | 0.14 |
| 22.5 | 0.15 | 0.15 | 0.15 | 0.15 | 0.15 | 0.16 | 0.16 | 0.16 | 0.16 | 0.16 | 0.17 | 0.17 | 0.17 | 0.18 |
| 23 | 0.17 | 0.17 | 0.17 | 0.17 | 0.18 | 0.18 | 0.18 | 0.19 | 0.19 | 0.19 | 0.20 | 0.20 | 0.20 | 0.21 |
| 23.5 | 0.21 | 0.21 | 0.21 | 0.21 | 0.22 | 0.22 | 0.23 | 0.23 | 0.23 | 0.23 | 0.24 | 0.24 | 0.24 | 0.25 |
| 24 | 0.24 | 0.24 | 0.24 | 0.24 | 0.25 | 0.25 | 0.26 | 0.26 | 0.26 | 0.26 | 0.27 | 0.27 | 0.27 | 0.28 |
| 24.5 | 0.28 | 0.28 | 0.28 | 0.28 | 0.28 | 0.29 | 0.29 | 0.29 | 0.29 | 0.30 | 0.30 | 0.31 | 0.31 | 0.32 |
| 25 | 0.31 | 0.31 | 0.31 | 0.31 | 0.31 | 0.32 | 0.32 | 0.32 | 0.32 | 0.33 | 0.33 | 0.34 | 0.34 | 0.35 |
| 25.5 | 0.34 | 0.34 | 0.34 | 0.34 | 0.35 | 0.35 | 0.35 | 0.36 | 0.36 | 0.36 | 0.37 | 0.37 | 0.37 | 0.38 |
| 26 | 0.37 | 0.37 | 0.37 | 0.38 | 0.38 | 0.38 | 0.39 | 0.40 | 0.40 | 0.40 | 0.40 | 0.40 | 0.40 | 0.41 |
| 26.5 | 0.40 | 0.41 | 0.41 | 0.41 | 0.42 | 0.42 | 0.43 | 0.43 | 0.43 | 0.43 | 0.44 | 0.44 | 0.44 | 0.46 |
| 27 | 0.43 | 0.44 | 0.44 | 0.44 | 0.45 | 0.45 | 0.46 | 0.46 | 0.46 | 0.47 | 0.47 | 0.48 | 0.48 | 0.50 |
| 27.5 | 0.47 | 0.48 | 0.48 | 0.48 | 0.49 | 0.49 | 0.50 | 0.50 | 0.50 | 0.51 | 0.51 | 0.52 | 0.52 | 0.54 |
| 28 | 0.50 | 0.51 | 0.51 | 0.52 | 0.52 | 0.53 | 0.53 | 0.54 | 0.54 | 0.55 | 0.56 | 0.56 | 0.56 | 0.58 |
| 28.5 | 0.54 | 0.55 | 0.55 | 0.56 | 0.56 | 0.57 | 0.57 | 0.58 | 0.58 | 0.59 | 0.59 | 0.60 | 0.60 | 0.62 |
| 29 | 0.58 | 0.58 | 0.58 | 0.58 | 0.60 | 0.60 | 0.61 | 0.61 | 0.61 | 0.62 | 0.62 | 0.63 | 0.63 | 0.65 |
| 29.5 | 0.62 | 0.62 | 0.63 | 0.63 | 0.64 | 0.64 | 0.65 | 0.65 | 0.65 | 0.66 | 0.66 | 0.67 | 0.67 | 0.70 |
| 30 | 0.65 | 0.65 | 0.66 | 0.66 | 0.67 | 0.67 | 0.68 | 0.68 | 0.68 | 0.69 | 0.69 | 0.70 | 0.71 | 0.73 |
| 30.5 | 0.69 | 0.69 | 0.70 | 0.70 | 0.71 | 0.71 | 0.72 | 0.72 | 0.73 | 0.73 | 0.74 | 0.74 | 0.75 | 0.78 |
| 31 | 0.73 | 0.73 | 0.74 | 0.74 | 0.75 | 0.75 | 0.76 | 0.76 | 0.77 | 0.77 | 0.78 | 0.78 | 0.79 | 0.82 |
| 31.5 | 0.77 | 0.77 | 0.78 | 0.79 | 0.79 | 0.80 | 0.80 | 0.81 | 0.81 | 0.82 | 0.82 | 0.83 | 0.83 | 0.86 |
| 32 | 0.81 | 0.81 | 0.82 | 0.83 | 0.83 | 0.84 | 0.84 | 0.85 | 0.85 | 0.86 | 0.86 | 0.87 | 0.87 | 0.90 |
| 32.5 | 0.85 | 0.85 | 0.86 | 0.87 | 0.87 | 0.88 | 0.88 | 0.89 | 0.90 | 0.90 | 0.91 | 0.91 | 0.92 | 0.93 |
| 33 | 0.88 | 0.89 | 0.90 | 0.91 | 0.91 | 0.92 | 0.92 | 0.93 | 0.94 | 0.94 | 0.95 | 0.95 | 0.95 | 0.99 |
| 33.5 | 0.92 | 0.93 | 0.94 | 0.95 | 0.96 | 0.96 | 0.97 | 0.98 | 0.98 | 0.99 | 0.99 | 1.00 | 1.00 | 1.03 |
| 34 | 0.96 | 0.97 | 0.98 | 0.99 | 1.00 | 1.00 | 1.01 | 1.02 | 1.02 | 1.03 | 1.04 | 1.04 | 1.04 | 1.07 |
| 34.5 | 1.00 | 1.01 | 1.02 | 1.03 | 1.04 | 1.04 | 1.05 | 1.06 | 1.07 | 1.07 | 1.08 | 1.08 | 1.09 | 1.12 |
| 35 | 1.05 | 1.05 | 1.06 | 1.07 | 1.08 | 1.08 | 1.09 | 1.10 | 1.11 | 1.11 | 1.12 | 1.12 | 1.13 | 1.16 |

## 附录四　中华人民共和国国家标准

## (GB 9827—88)

### 香　蕉

**1. 主题内容与适用范围**

本标准规定了香蕉收购的等级规格、质量指标、检验规则、方法及包装要求。

本标准适用于香蕉果品的条蕉、梳蕉的收购质量规格。

**2. 引用标准**

GB 2762 食品中汞允许量标准

GB 2763 粮食、蔬菜等食品中六六六、滴滴涕残留量标准

**3. 术 语**

3.1 **条蕉**　指果穗(串蕉)。

3.2 **梳蕉**　指果手(果段)。

3.3 **果指**　指每只果实。

3.4 **同一类品种特征**　指香蕉的形状、色泽相似之性状。

3.5 **果实长度**　指自果柄基部沿果身外弧线到果顶的长度。

3.6 **中间一梳**　指整条蕉奇数的中间一梳或偶数中间的两梳平均数。

3.7 **形状完整**　指香蕉果实排列紧密有规律、果实大小基本一致,不缺果指,无连体蕉和扭曲等畸形蕉。

3.8 **皮色青绿**　指果实色泽保持香蕉自然青绿色。

3.9 **成熟适当**　指各个不同季节的蕉已达到适当成熟阶段。

3.10 **饱满度标准**　果身微凹,棱角明显,其饱满度为75%以下,果身圆满,尚见棱角为75%～80%;果身圆满无棱

者为过熟现象。

3.11 **腐烂**　指任何腐败损及果轴、果柄以及果实部分者。

3.12 **裂果**　指果皮破裂，露出果肉。

3.13 **断果**　指果实折断为两段或多段。

3.14 **裂轴**　指果轴因割切不当或指座不坚实而受外力破裂者。

3.15 **折柄**　指果柄受损面流乳汁。

3.16 **轻度损害**

3.16.1 压伤、擦伤　指果实被压或磨擦而损伤，但不明显。

3.16.2 日灼　指果实被曝晒灼伤，使果皮失去正常色泽。

3.16.3 疤痕

a. 水锈　指香蕉果实表皮部发生之锈迹。一梳蕉中按只数计，不得超过10%。

b. 伤痕　指被风伤害或鸟、昆虫等动物咬伤、抓伤果皮而形成的疤。一梳蕉中按只数计，不得超过5%。

3.16.4 黑星病　果皮被害部分呈黑斑点。平均每平方厘米不得超过1点。

3.17 **一般损害**

3.17.1 压伤、擦伤　一梳蕉中平均不得超过2厘米$^2$。

3.17.2 日灼　一梳蕉中按只数计，不得超过5 %。

3.17.3 疤痕

a. 水锈　一梳蕉中按只数计，不得超过20%。

b. 伤疤　一梳蕉中按只数计，不得超过10%。

3.17.4 黑星病　平均每平方厘米不得超过3点。

3.18 重损害

3.18.1 压伤、擦伤　一梳蕉中平均不得超过4厘米$^2$。

3.18.2 日灼　一梳蕉中按只数计，不得超过10%。

3.18.3 疤痕

a. 水锈　一梳蕉中按只数计，不得超过30%。

b. 伤疤　一梳蕉中按只数计，不得超过20%。

3.18.4 黑星病　平均每平方厘米不得超过6点。

3.19 清洁　指果实无尘土、农药残留或任何其他物质污染。

## 4. 质量指标

### 4.1 规格质量

4.1.1 条蕉分级　条蕉依品质分为优等品、一等品和合格品三个等级，应符合表1的各项指标规定。

**表1　条蕉规格质量**

| 等级指标 | 优等品 | 一等品 | 合格品 |
| --- | --- | --- | --- |
| 特征色泽 | 香蕉须具有同一类品种的特征。果实新鲜，形状完整，皮色青绿，有光泽，清洁 | 香蕉须具有同一类品种的特征。果实新鲜，形状完整，皮色青绿，清洁 | 香蕉须具有同一类品种的特征。果实新鲜，形状完整，皮色青绿，尚清洁 |
| 成熟度 | 成熟适当，饱满度为75%～80% | 成熟适当，饱满度为75%～80% | 成熟适当，饱满度为75%～80% |
| 重量、梳数、长度 | 每一条香蕉重量在18千克以上，不少于七梳，中间一梳每只长度不低于23厘米 | 每一条香蕉重量在14千克以上，不少于六梳，中间一梳每只长度不低于20厘米 | 每一条香蕉重量在11千克以上，不少于五梳，中间一梳每只长度不低于18厘米 |

续表 1

| 等级指标 | 优等品 | 一等品 | 合格品 |
| --- | --- | --- | --- |
| 每千克只数 | 尾梳蕉每千克不得超过 12 只。每批中不合格者,以条蕉计算,不得超过总条数的 3% | 尾梳蕉每千克不得超过 16 只。每批中不合格者,以条蕉计算,不得超过总条数的 5% | 尾梳蕉每千克不得超过 20 只。每批中不合格者,以条蕉计算,不得超过总条数的 10% |
| 伤病害 | 无腐烂、裂果、断果。裂轴、压伤、擦伤、日灼、疤痕、黑星病及其他病虫害不得超过轻度损害<br>果轴头必须留有头梳蕉果顶 1～3 厘米 | 无腐烂、裂果、断果。裂轴、压伤、擦伤、日灼、疤痕、黑星病及其他病虫害不得超过轻度损害<br>果轴头必须留有头梳蕉果顶 1～3 厘米 | 无腐烂、裂果、断果。裂轴、压伤、擦伤、日灼、疤痕、黑星病及其他病虫害不得超过轻度损害<br>果轴头必须留有头梳蕉果顶 1～3 厘米 |

4.1.2 梳蕉分级　梳蕉依品质分为优等品、一等品和合格品三个等级,应符合表 2 的各项指标规定。

表 2　梳蕉规格质量

| 等级指标 | 优等品 | 一等品 | 合格品 |
| --- | --- | --- | --- |
| 特征色泽 | 香蕉须具有同一类品种的特征。果实新鲜,形状完整,皮色青绿,有光泽,清洁 | 香蕉须具有同一类品种的特征。果实新鲜,形状完整,皮色青绿,有光泽,清洁 | 香蕉须具有同一类品种的特征。果实新鲜,形状完整,皮色青绿,尚清洁 |
| 成熟度 | 成熟适当,饱满度为 75%～80% | 成熟适当,饱满度为 75%～80% | 成熟适当,饱满度为 75%～80% |

续表 2

| 等级指标 | 优等品 | 一等品 | 合格品 |
| --- | --- | --- | --- |
| 每千克只数 | 梳型完整,每千克不得超过 8 只。果实长度 22 厘米以上。每批中不合格者,以梳数计算,不得超过总梳数的 5% | 梳型完整,每千克不得超过 11 只。果实长度 19 厘米以上。每批中不合格者,以梳数计算,不得超过总梳数的 10% | 梳型完整,每千克不得超过 14 只。果实长度 16 厘米以上。每批中不合格者,以梳数计算,不得超过总梳数的 10% |
| 伤病害 | 不得有腐烂、裂果、断果。允许有压伤、擦伤、折柄、日灼、疤痕、黑星病及其他病虫害所引起的轻度损害 | 不得有腐烂、裂果、断果。允许有压伤、擦伤、折柄、日灼、疤痕、黑星病及其他病虫害所引起的一般损害 | 不得有腐烂、裂果、断果。允许有压伤、擦伤、折柄、日灼、疤痕、黑星病及其他病虫害所引起的重损害 |
| 果　轴 | 去轴,切口光滑。果柄不得软弱或折损 | 去轴,切口光滑。果柄不得软弱或折损 | 去轴,切口光滑。果柄不得软弱或折损 |

4.2 **卫生指标**

按 GB 2762 — 2763 及有关食品卫生的国家规定执行。对产品的检疫,按国家植物检疫有关规定执行。

**5. 检验规则与方法**

5.1 每一等级的果实必须符合该等级标准。其中任何一项不符合规定者,降为下等级,不合格者为等外品。凡是药害、冻、黄熟蕉、浸水蕉一律不收购。

5.2 条蕉收购后,需要竖直,轴尾向上,轴头向下,只准放一层,不允许叠堆乱放,并及时加工、包装。

5.3 成件商品送到收购站,应按规定的堆码方法,存放于指定的地方。点清件数,并进行外包装和标志检验。

5.4 取样:取条蕉或每批件数的10%,必要时酌情增加或减少取样比例。所取样品仅供重量和质量检验。

5.5 重量检验:条蕉以缺(片)秤重,求计重量。成件样品检验净重。

5.6 感观检验:对样果逐条逐梳进行检查,按照本标准规定将果实形状、皮色、长度及伤病害等逐一检验。

**6. 包装要求**

6.1 **包装**　盛香蕉的容器纸箱、竹篓必须清洁、无异味,内部无尖突物,无虫孔及霉变现象,牢固美观。

6.1.1 纸箱　用牛皮纸板或瓦楞原纸加工制成,容量净重12千克或18千克。

6.1.2 竹篓　用青白篾片制成,容量净重20千克或25千克。

6.1.3 *装箱方法*　用纸箱盛装香蕉,箱内套装薄膜袋,蕉果弓形背部不得向下,只装同等级果实。

6.1.4 *装篓方法*　篓内壁用草纸垫一层或多层,蕉果弓形背部不得向下,只装同等级果实。篓盖用铁丝拴牢。

6.2 **标志**　包装上应标明品名、等级、毛重、净重、包装日期、产地以及收购站检查人员姓名。

附加说明:

本标准由中华人民共和国商业部提出。

本标准由《香蕉》制标小组起草。

本标准主要起草人张友平、姚楚兰。